TUIGU
HENGCHAN
SHU WENDA

鸡腿菇

张春萌 主 编

刘海燕 曹德宾 副主编

生产技术问答

U0307200

 化学工业出版社

·北京·

本书共分两章，第一章对鸡腿菇的生物概念和市场概念比较集中的问题进行了系统的解答。在第二章栽培中，相对详细地将作者多年来接受咨询的问题进行了划分和归类，如基本问题、菌种问题、发菌管理、出菇管理、病虫害防治等，共有三百多个问题。

本书适合一线生产者作为床头书或口袋书使用，亦可作为科研、教学工作者的参考书。

图书在版编目（CIP）数据

鸡腿菇生产技术问答/张春萌主编. —北京：化学工业出版社，2015.10

（你问我答）

ISBN 978-7-122-24942-5

Ⅰ.①鸡… Ⅱ.①张… Ⅲ.①蘑菇-蔬菜园艺-问题解答 Ⅳ.①S646.1-44

中国版本图书馆 CIP 数据核字（2015）第 190905 号

责任编辑：张　彦　　　　　　　　装帧设计：孙远博
责任校对：边　涛

出版发行：化学工业出版社（北京市东城区青年湖南街 13 号　邮政编码 100011）
印　　刷：北京云浩印刷有限责任公司
装　　订：三河市瞰发装订厂
850mm×1168mm　1/32　印张 5½　字数 138 千字
2015 年 11 月北京第 1 版第 1 次印刷

购书咨询：010-64518888（传真：010-64519686）　售后服务：010-64518899
网　　址：http://www.cip.com.cn

凡购买本书，如有缺损质量问题，本社销售中心负责调换。

定　　价：22.00 元

前　言

食用菌生产，为我国三农的发展和处理工农业废料下脚料以及建设社会主义新农村发挥了巨大的贡献，这是有目共睹、有口皆碑的。如鸡腿菇这类食用菌品种，性喜质软、腐熟的原料，加之鸡腿菇菌丝有从空气中吸收氮源的功能，对诸多行业生产中的下脚料，如酒厂的酒糟、糖厂的蔗渣、酒精企业的薯渣、木糖厂的木糖渣、中成药厂的中药渣以及大中型沼气工程的沼渣、设施化食用菌企业的金针菇和杏鲍菇菌糠等废料级别的原料资源，利用效果极好。使用这些废料进行鸡腿菇生产，不但能够大大降低栽培生产的直接成本，同时又为上述废料的直接处理节约了资金，避免了二次以及三次污染，如对空气的污染、对土壤的污染、对地表水以及对地下水的污染等。我们甚至可以这样这样说：鸡腿菇，吃进去的是废料，吐出来的是优质蛋白。

本书共分两章，第一章对鸡腿菇的生物概念和市场概念比较集中的问题进行了系统的解答，生物概念偏重于技术学术层面，是技术的基础；市场概念则是新形势下进行食用菌市场的重要功课，生产之前必先考察，考察的关键有二，即技术和市场。在第二章栽培的章节里，相对详细地将作者多年来接受的咨询问题进行了划分和归类，如基本问题、菌种问题、发菌管理、出菇管理、病虫害防治等，共有三百多个问题，基本囊括了栽培中的各个方面。相信本书会对生产者的栽培管理起到保驾护航的作用。

由于我们的水平有限，撰写时间较为仓促，书中难免会有缺点，请广大菇民朋友和专家学者以及业界同行给予批评指导，希冀本书的二版将会更加丰富、适应性更强。

本书由张春萌主编，刘海燕、曹德宾副主编，参加编写工作的有（按姓名拼音排序）曹德宾、曹亚娟、胡志峰、李邦层、刘海燕、刘文明、涂改临、王广来、张春萌。

　　本书编写期间，得到了广大业内人士尤其是一线生产者和食用菌爱好者、专家、学者以及各地朋友们的慷慨帮助，尤其得到了合作单位的鼎力相助，在此一并致谢！

编者

2015 年 9 月于济南

目　　录

第一章 鸡腿菇生产的基本概念

第一节 生 物 概 念

1. 什么是栽培主料?

栽培主料,就是栽培基料中的主要组成部分。

一般常规生产中,多指秸秆类,如玉米芯、稻草、麦草等,近年来,很多工业生产中的下脚料如木糖渣、糠醛渣、中药渣、酒糟等也已进入主料范围,并且得到了较广泛的应用;此外,大中型沼气工程以及户用小型沼气池产出的沼渣,也已进入栽培主料;熟料栽培如金针菇、杏鲍菇等菌糠废料,进入鸡腿菇栽培主料中,也有不错的应用效果,令人欣慰;特别值得一提的是:当我们在野外发现在陈年树桩上可以着生鸡腿菇后,利用经过处理的木屑进行鸡腿菇栽培试验,结果很是理想。

2. 什么是栽培辅料?

所谓栽培辅料,是指在栽培基料中绝对数量较少、比例较小、不能单独作为栽培原料、处于配合地位的原料。辅料主要分为以下三大类:

(1)有机氮源物质 如麦麸、米糠、豆饼或豆粉以及棉籽饼等。

(2)无机物质 如复合肥等。

(3)除上述两类以外的其它添加物质,如石灰粉、石膏粉等。

3. 什么是发酵?

工业生产上把一切依靠微生物的生命活动而实现的工业生产均

称为发酵。食用菌生产中的发酵，就是利用有益微生物在基料中的繁殖与活动，但不以获取微生物自身的代谢物为目的，达到分解和转化基料营养的一个发热过程。一般发酵温度维持在 40～70℃ 之间；有的也称"巴氏杀菌"。

4. 什么是腐熟？

腐熟，是指有机物经过发酵过程，自身营养按照生产者的意愿得以分解和转化，从而达到熟化或基本熟化的现象。比如，林下落叶经过长时间的发酵变为地表腐殖层，作物秸秆经过发酵后成为栽培基料或有机肥等，均为达到腐熟状态。

5. 什么是发酵料栽培？

将主辅原料按配方拌料后利用发酵原理达到熟化或半熟化状态，然后直接装袋播种的栽培方式，即为发酵料栽培。

6. 什么是熟料栽培？

熟料栽培，指的是基料经过装袋后灭菌处理，然后接种培养，属于无菌操作的生产方式；如香菇、金针菇等均为熟料栽培品种，而鸡腿菇以发酵料栽培为主，而规模化商品生产时则使用熟料。

7. 什么是半熟料栽培？

所谓半熟料，就是发酵料，这个概念是在 20 世纪 90 年代为了区别生料和熟料，为将发酵料单独列出来而创设的一个名词，后来很少有人应用，至今，已经很少有人提及了。

8. 什么是平面栽培？

平面栽培，就是在栽培设施内，利用地面做一层投料——这是 20 世纪八九十年代的普遍做法，进入新世纪以后，尤其近年来，随着土地资源的日渐增值，多改为多层栽培，该种栽培方式已经基本见不到了。

9. 什么是立体栽培？

立体栽培，或称垂直栽培，就是在栽培设施内利用各种条件，层层码高，以增加投料量的生产方式，这是十几年来逐渐兴起的鸡腿菇栽培模式，或使用架层，或利用栽培箱码高，就是尽量利用设施空间，实现投料量的最大化。

10. 什么是畦式栽培？

畦式栽培，就是利用菌畦直播进行鸡腿菇栽培的一种模式，这是最早进行鸡腿菇栽培的模式；后来，发展为菌柱菌畦栽培，避免了直播带来的高污染等弊端，同时，也节约了畦内发菌的时间，并且，由于菌袋的发菌可以在其它设施内进行，因此，也就更加方便前期的发菌，尤其避免了发菌占用菌畦的问题。

11. 什么是箱式栽培？

箱式栽培，就是使用特制栽培箱，装入基料和必须的覆土材料，码高后使之立体出菇的栽培模式；该种方法最初由国外引进，后被模仿一阵，很快即销声匿迹了，究其原因，就是相关技术不配套，或者可以说，只是引进了表层的毛而没有引进皮层，甚至，只是将引进技术作为挡箭牌，或出国游玩，或捞取资本，或套取财政资金，而真正的目的不在于技术本身。

12. 什么是架式栽培？

所谓架式栽培，就是利用栽培架进行多层投料栽培，该种模式利用空间的效率最高，适合集约化生产，尤其符合当下土地资源紧张、劳动力相对缺乏、机械化和自动化越来越高的情况。

13. 什么是大袋栽培？

大袋栽培，是鸡腿菇特有的一种栽培模式，其基本方式是：利用较大规格的塑袋装料播种，完成发菌后，挽起袋口，按袋进行覆土，整个生产以"袋"为基本单位进行操作和管理；尤其山东等地的"菇洞栽培模式",几乎是100%的大袋栽培,效果不错。

14. 什么是小拱棚栽培?

小拱棚栽培,就是在一定的场地条件下,利用一种小型塑料拱棚做保护措施进行出菇的栽培模式。该小拱棚宽约1~1.4米,高约50厘米左右,长度以场地而定,但多在50米以内。

15. 什么是树阴下栽培?

树下栽培,早在20世纪的八九十年代,就在我们单位的树林下做过草菇、平菇、鸡腿菇等多品种栽培试验,取得了大量一手资料。试验证明:经过采取适当保护措施,树阴下栽培鸡腿菇,不但有管理方便、出菇良好的优势,病害发生率明显降低,菇品的内在质量明显优于室内栽培。

16. 什么是大敞棚仿野生栽培?

鸡腿菇大敞棚仿野生栽培,是我们在20世纪90年代研究的一种栽培模式,只是由于栽培面积偏大、土地不好调整以及当时的鸡腿菇市场低迷等因素制约,一年后就结束了生产;三年后有人意欲东山再起,但因当地对协调土地调整的申请不予支持,无奈作罢。事实证明:该种模式,在春夏秋三个季节内,可以较好地调整敞棚下的温度,令鸡腿菇生长无忧。但是,不适应一家一户的独立操作,只能做企业生产或合作社联合栽培。基本模式是:

(1)阴棚建造 一般阴棚面积应在400平方米以上,在1000平方米以内时,面积相对越大,其生产中温度的调控效果相对地更好一些。阴棚的建造原则,首先应是方形,以方便操作。其次,棚顶应为北高南低、东西呈波浪形,以方便雨水排泄。再次,在四周棚顶的下方位置设置相应的喷雾装置,该装置要求相对独立。第四,阴棚周边应种植长蔓型植物如丝瓜、南瓜、葫芦等类以利增强遮阴效果。最后,阴棚四周围设防虫网,以防害虫进入。阴棚顶部的覆盖物,自下往上依次为塑料膜、秸秆、杂草类,最上层是遮阳网,可很好地起到遮阴、增湿、增氧的作用。

（2）菌畦建造　以 400 平方米大小的阴棚为例进行简要说明。在 20 米×20 米的阴棚下，南北向正中纵向修建主作业道，宽 2.2 米，阴棚东、西两个边缘各建南北向 0.5 米宽菌畦，留出 0.3 米作业道；紧靠主作业道向两边各修建 1.1 米菌畦、0.3 米作业道，大小共计 14 个菌畦。菌畦东西向从中间截断，修建一条横向主作业道，使阴棚下主作业道呈十字状，以方便操作。菌畦深 0.2 米左右即可。

建畦后随之将菌畦内灌透水，并同时浇入 800 倍辛硫磷药液100 千克左右；然后对地面地毯式喷洒 300 倍百病傻溶液，间隔1～3 天再喷施一遍 200 倍赛百 09 溶液，以杀灭病害杂菌，使之随水渗入土层，杀灭地下害虫。

（3）菌柱排畦　与常规栽培相同，将菌袋脱袋后，菌柱横卧排畦、覆土后灌透水即可。覆土后每 5～7 天喷洒一次抑菌杀菌药物，以防外界病害杂菌的侵入。

（4）发菌管理　阴棚下温度的起伏变化，与气温紧紧相随，但一般较棚外气温低 2～5℃，管理的重点是控湿，并通过湿度的调控达到适当调温的目的。如 3～5 月的大陆性气候地区，春季风多、风干、风硬，应根据风向在棚内的"上风头"打开喷雾头，使水雾随风掠过棚内，同时达到缓风、增湿、降温的目的，逢小雨天气，可任其自然。如秋季的 9～10 月份，一般地下水位上升，菌畦水分较大，棚下相对空气湿度亦较高，但如秋风不断且风力较大，亦对子实体发生不良影响，故应视情况随风向喷雾。

（5）出菇管理　鸡腿菇子实体生长期间一般不允许对子实体直接喷水，第一潮菇生长所需水分，菌柱排畦时的浇水已经施足，因此在菇体生长期间，仅需调控适宜的空气湿度即可，而通过风力、喷细雾增加空气湿度的办法，是很实用、有效的，但应注意调节水压和喷雾头以及喷雾时间，不要在子实体上形成水珠。

（6）采收　与菇棚保护栽培方式不同，该阴棚下长出的鸡腿菇，其组织相对紧密，并因受环境温度等条件的影响较直接，其子实体的老化速度较快，相应采收应打一定"提前量"，具体操作时可在感官上认为达到 5～6 分熟时，即应采收，不要等到 7～8 分熟。

17. 什么是林下仿野生栽培？

林下仿野生栽培鸡腿菇，就是在远离人群的中高海拔林区，选择相对平缓的地带，按照相关技术规范进行栽培的生产模式。该种模式产出的菇品内在品质较高，口感优于棚室栽培产品，尤其，由于林下腐殖质高、中微量元素含量高等原因，菇品中的营养物质高于棚室栽培产品，故其价值较高。

18. 什么是菇洞栽培鸡腿菇？

菇洞，是山东等部分地区的菇民自创的一种利用山体或沟崖人工凿挖而成的，为与自然山洞等相区别，故名"菇洞"；凿挖菇洞的目的，20世纪90年代末期，山东潍坊等地是用于栽培双孢菇的，新世纪以来，山东济南的平阴等地，将之专门用于栽培鸡腿菇，均取得了理想的生产效益。

菇洞的栽培模式就是大袋平面栽培，截至目前，尚无其它的栽培模式。

19. 什么是菌菜套种？

菌菜套种，顾名思义，就是将鸡腿菇栽培与蔬菜生产进行有机结合，或者说，将二者在同一个地块内进行栽培与管理。

20. 什么蔬菜品种适合菌菜套种？

进行菌菜套种的蔬菜，主要以高棵或高架品种为主，高棵蔬菜如辣（甜）椒、茄子、番茄等为主，另外，芹菜、苔菜、大白菜类也可；高架蔬菜主要以黄瓜、芸豆、豆角等为主。原则是：在其生长期间，能给鸡腿菇子实体遮阴。

21. 什么是菌粮套种？

菌粮套种，也称菌粮间作，就是在粮食作物的生产地块里进行鸡腿菇套种，是食用菌生产中比较常见的一种模式，时下虽然很少见到，但曾经有很多业内人士进行过类似的或相关的试验，虽然菇品的外观价值较低，但在土地紧张的地区，仍不失为一种可以利用的技术模式。

22. 什么粮食品种适合菌粮套种？

大部分粮食作物均适合菌粮套种，尤以高秆作物为佳，如高粱、春玉米等，夏玉米由于气候原因，对于鸡腿菇生长不很理想，虽可利用，但效果较差。

23. 什么是边料？

发酵栽培中的专门用语。料堆四周约 5～7 厘米的草料，一般含水率低、料温偏低、虫卵集中，未经高温发酵。

24. 什么是底料？

发酵料堆底部约 30 厘米的基料，该料层中存有该料堆的沉淀水分，含水率较高，而且通透性较差、温度偏低，而且，大多属于厌氧发酵的区域；该种基料必须经过技术处理，不得直接用于装袋播种。

25. 什么是顶料？

指发酵料堆最上部约 30 厘米的草料，该料层接受了料堆中向上蒸腾的热量；料中的温度偏高、水分中等偏低。

26. 什么是大堆发酵？

发酵料堆直接以大堆无序状态，任意加高和堆放。该种料堆的基料发酵程度严重的不一致，但却适应"天天翻堆"的发酵模式。

27. 什么是长堆发酵？

长堆发酵，是指发酵料堆以一定的高度和宽度顺序堆放，只是因基料的数量较大而显得料堆较长。该种料堆的发酵程度比较一致。

28. 什么是木桶理论？

这是美国管理学家彼得提出来的著名的木桶原理，意思指用木桶来装水，若制作木桶的木板参差不齐，那么它能盛下水的容量，不是由这个木桶中最长的木板来决定的，而是由最短的木板来决定，所以它又被称为"短板效应"。根据这一核心要素，"木桶理论"还有两个推论：其一，只有桶壁上的所有木板都足够高，那水桶才能盛满水——达到最大盛水量。其二，只要组成这个水桶的木板有一块不够高度，水桶里的水就不可能是满的——盛水量取决于那块最短的木板。

木桶的盛水量取决于最低的木板，该理论尤其在营养教学和科研中提及的较多。

29. 什么是营养调配？

营养是食用菌赖以生存的能源或元素，调配是指根据食用菌生长所需营养成分，在基料中有根据地适量地添加某些营养元素，包括有机和无机营养物质。

30. 什么是营养平衡？

与动物、植物生长过程中吸收营养的原理相同，食用菌的菌丝生长和子实体发育既需要营养，又要求营养平衡，否则，将会因为营养的不平衡而导致菌丝不健康、子实体发育不良、产量低下等诸多问题。所谓营养平衡，就是培养基料中所能提供的营养成分，基本能够满足食用菌一生生长所需要的营养，二者之间达到一个平衡状态——如此既不会造成营养短缺形成缺素状态，又不会造成浪费而使得生产成本提高，而且，还不会因某种元素的超量而使得食用菌发生不正常现象或生长被抑制甚至中毒等问题。

31. 什么是基料 C/N？

基料 C/N，是碳氮比的化学符号表示法，是指基料中所有原辅料中所含的总碳量与总氮量之比。具体设计配方时，应查对相关原辅材料的营养含量表并进行计算。

32. 什么是栽培料？

所谓栽培料，即栽培用基料，在菇民中与培养料、出菇料等是同一个标的物。

33. C/N 怎么计算？

根据所有原辅材料，单项进行碳氮元素含量查表，并将查得的数字乘以该原料的质量数字，最后将所有碳元素和氮元素分别相加，即可得出分别的总量；然后，将碳元素总量除以氮元素总量，即可得出 X：1 的碳氮比。

例如，某栽培配方为：棉籽壳 200 千克，豆秸粉 50 千克，豆饼粉 6 千克，石灰粉 5 千克，石膏粉 2 千克，三维精素 120 克。欲使用尿素将配方中的碳氮比调整为 20：1，需加入多少尿素？本配方该如何调整？

第一步，查表，查得各原辅料的碳氮含量。

含碳量：棉籽壳 50%，豆秸粉 70%，豆饼 47%。

含氮量：棉籽壳 1.5%，豆秸粉 6%，豆饼 7%。

第二步，计算总含碳量。

本配方的总含碳量＝(200×50%＋50×70%＋6×47%)
　　　　　　　＝(100＋35＋2.82)＝137.8

第三步，计算总含氮量。

本配方的总含氮量＝(200×1.5%＋50×6%＋6×7%)
　　　　　　　＝(3＋3＋0.4)＝6.42

第四步，计算本配方的碳氮比。

137.8÷6.42＝21(：1)

第五步，欲调碳氮比 20：1，则需氮总量为：137.8÷20＝6.89。

第六步，计算本配方缺乏的氮元素。

6.89－6.42＝0.47 千克

第七步，应加入尿素数量。

$100 \times 0.47 \div 46 = 1.02$ 千克

第八步，考虑尿素流失情况，本配方的理论数字应调整为：棉籽壳 200 千克，豆秸粉 50 千克，豆饼粉 6 千克，尿素 1.5 千克，石灰粉 5 千克，石膏粉 2 千克，三维精素 120 克。

34. C/N 如何调整？

碳氮比的调整，不可任意而为，主要应考虑氮元素的性质和基料处理方式，一般碳氮比不合适的主要情况及其调整方法如下。

（1）初始配方不合理，氮素缺失比例占需求总量的 1/2 左右时，应重新设计配方，并尽量多的采用如麦麸、豆饼粉等有机辅料进行补充，再配合少部分化学肥料如尿素或三元素复合肥等，即可得到最大限度的补充。

（2）设计的初始配方不严谨，氮素缺失比例占需求总量的 1/4～1/3 左右时，应尽量多的采用有机辅料进行补充，至少达到 60％以上，再配合少部分化学肥料，这样，才能保障氮元素的基本稳定。

（3）初始配方较为合理，氮素缺失比例在 1/6 左右时，可直接使用化学肥料进行补充；但是，熟料栽培时，应在拌料后进行堆闷或稍堆酵，以利氮素被吸收。

（4）配方较为合理，氮素缺失比例在 1/10 左右时，不论生料熟料，一次性加入化学肥料进行补充即可。

（5）生料播种的，补充化学肥料接近氮素的理论计算用量即可；如果补充的数量较大，可按照多次、每次少加的原则，在拌料时或发酵的翻堆过程中逐渐加入，不可一次性足量加入，以免氮素流失过多。

（6）发酵料栽培的，补充化学肥料可较理论计算用量增加 30％左右，以免发酵后的基料含氮量降低过多。

（7）熟料栽培的，补充化学肥料可较理论计算用量减少 20％～40％，以防速效氮素在袋内产生大量氨气，抑制菌丝生长，或发生鬼伞等病害。

（8）如果配方中氮素缺失过多，一次性加入化学肥料达到理论用量时，将可能造成诸如菌袋内废气（氨气）抑制菌丝、严重时无法发菌、氮素流失过多形成浪费、气温高时诱发鬼伞病害等多种问题，最后的结果将是得不偿失，甚至生产失败。

35. 什么是发酵？

基料拌好后建堆，使料温升高，或者达到某个界限后进行翻堆，或者采取每天翻堆的方式，使基料发热并达到要求的腐熟度，多在草腐菌基料处理时采用；但在一些秸秆类原料用于木腐菌栽培时，多不使之腐熟，而是采取堆酵方式。

36. 什么是堆酵？

堆酵，操作方法与发酵相同，较之发酵时间短、料堆内温度低，其目的：一是令原料充分吸水；二是令原料软化；三是可以使原料释放部分热量。该种堆酵多用于熟料生产，包括制种与栽培。基本操作方法是：基料拌好后建堆，在较短时间内进行发酵处理，现多采取每天翻堆的办法，一般料温可达 40℃ 以上，很少超过50℃，基料营养损失较少，但某些杂菌孢子可以很好地萌发，然后经过灭菌处理，即可达到理想的灭菌效果。

37. 什么是重播？

重新在原基料上再播一次菌种，大多在腐生菌如鸡腿菇、双孢菇、草菇等品种的栽培中出现，其原因是初次播种没有成活，或者发菌、出菇过程中出现了问题导致菌丝大幅减量、性状退化等，基础条件是基料没有问题。

一般只在畦栽生产中应用，装袋栽培品种的生产中极少会采取重播的方式，尤其是熟料栽培。

38. 什么是撬料？

当料床水分过大，基料过细，通透不良，发菌困难时，使用叉类或钩类工具，插入料内稍翻松，并使之有所移位，使料床较原来凸起，增加基料内部空隙，利于发菌的顺利进行。生产中大多发生于双孢菇、姬松茸类品种的生产中。

39. 什么是床基？

鸡腿菇类品种栽培时，修建的略呈拱背（龟背）形用以铺料的菌畦床体，为区分和书写以床基称之。

40. 什么是品温？

大多指菌袋内部的温度，以℃表示，有时也称畦床栽培时的料温。

41. 什么是料温？

基料中的温度。分为不同的阶段，比如发酵时的料温，发菌时的料温，出菇时的料温等。

42. 什么是草腐菌？

以吸收禾草秸秆（如稻草、麦草）等腐草中的有机质作为主要营养来源的菌类。

43. 什么是基料含水量？

基料中实际加入的水的数量，是一个绝对数字，以重量单位表示，如克、千克、吨等。如1吨原料中加入1.5吨水，则该堆基料的含水量为1500千克（其中不包括原料本身含有的结合水）。

44. 什么是基料含水率？

与基料含水量相对应，基料含水率是指基料中所含水分与加水后的基料之比。这是一个相对数字，以％表示。如1吨原料中加入1.5吨水，拌成的基料即为2.5吨，该基料的含水率（％）＝1500/（1000＋1500）×100％＝60％（不含结合水）。

45. 什么是菇蕾？

由原基刚刚分化而来、初具菌盖和菌柄形态的子实体雏形。

46. 什么是幼菇？

由菇蕾分化而来、具有子实体正常形态的幼嫩子实体。山东地区 3～5 月份温侯条件下，仅需 2～4 天时间，菇蕾即可长成为幼菇。

47. 什么是菌盘？

畦面上丛生子实体基部的连结体，一般厚约 1～3 厘米，其质地与子实体相同，可用于深加工。

48. 菌盘有何利弊？

菌盘的最大优势就是托起该丛子实体，采收时一起采下，便于整理畦面和料面；其弊端是不能采大留小，因为必须一起采收而使幼小子实体无端损失，并且菌盘自身不具正常子实体的商品价值，除非进行深加工，否则，占有总产量高达 30% 或以上比例的菌盘组织，在基料营养损失的基础上，会使生产效益受到很大影响。

49. 什么是成菇？

幼菇发育而来、基本成熟或接近成熟的子实体。山东地区 3～5 月份适温条件下，5 天左右时间即可成为成菇，该阶段的最低成熟度应在七分熟。

50. 什么是黄金菇？

把一条线段分割为两部分，使其中一部分与全长之比等于另一部分与这部分之比，其比值是一个无理数，取其前三位数字的近似值是 0.618。由于按此比例设计的造型十分美丽，因此称为黄金分割率，这是一种数学上的比例关系。

鸡腿菇中的黄金菇，即取意黄金分割率，其意是指采收的成菇菌柄与菌盖的长度之比，实际研发工作中，大部分人认为菌柄：菌盖大约为 6：4 为佳，也有的认为应以 5：5 为好。但在山东等地的菇洞栽培中，该比例多在 6：4 左右，十分耐看，商品价值较高。

51. 什么是褐顶菇？

出菇场所的空气湿度高，如长时间保持 95％ 以上，或直接喷水于菌盖上，造成菌盖尖端部位超量吸水，形成暗褐色"菇顶"，即为褐顶菇。该种菇品给人的第一感觉就是含水率高，从而使其商品价值大打折扣。

52. 什么是"花菇"？

鸡腿菇中的"花菇"，即其菌盖中上部表皮组织破裂，与香菇中的花菇相似、形成机制亦相似——只是香菇需要的时间长，而鸡腿菇仅需数小时即可形成花菇。但是，该种花菇的商品价值降低，并且，不能进入高档消费商品的位置。

53. 什么是小帽菇？

冬季及春季的鸡腿菇鲜菇中，往往不乏小菌盖菇，即菇民戏称的小帽菇，虽其菌肉组织本质相同，但由于菌盖比例过小，不但没有了黄金菇的那种愉悦观感，而且，有一种令人不快甚至厌恶的感觉，大大降低了商品价值。小帽菇形成的原因是生长温度过低，尤其在地温（料温）偏低的条件下，好不容易分化出幼菇后，气温还是偏低或过低，导致菌盖无法正常发育，而菌柄仍可缓慢生长。

54. 鸡腿菇菌盖有何特点？

鸡腿菇菌盖的典型特点是：中生；其直径约与菌柄同长；外部具鳞片组织，生长温度越高，鳞片越多、越大。

55. 鸡腿菇菌柄有何特点？

鸡腿菇菌柄的典型特点是：圆柱形，基部稍膨大呈蒜杆状；色白并带些许丝状光泽；因菌株及栽培基质和条件不同而呈中实或中空结构。

56. 鸡腿菇菌褶有何特点？

鸡腿菇菌褶的典型特点是：肉红色，整齐度高；弹射孢子量少，自溶速度快。

57. 鸡腿菇开伞有何特点？

鸡腿菇菌盖开伞的特点是：一旦开伞即可在短时间内发生自溶，商品价值很低，尤其在春夏之交或夏季反季节栽培中，一旦采收不及即可开伞，一旦开伞则无法作为商品进入市场。

58. 鸡腿菇菌肉有何特点？

鸡腿菇菌肉的特点是：鲜嫩，具同化味道。

59. 什么是生物学效率？

一种产量指标的字面表示法，其意为单位数量培养料（风干）与所培养产生的子实体（鲜重或干重）之间的比率。如 1 千克（风干）干料产出 1.5 千克鲜菇，则其生物学效率为 150%，这是一种在食用菌生产中约定俗成的表示法。在鸡腿菇等铺料直播品种而言，还有一种表示产量的指标就是"kg/m²"。

有个别的品种多以产出的干品数量进行计算，比如木耳类、灵芝等。

60. 什么是生物转化率？

这是一种表示培养基料在产菇过程中被消耗掉的营养（干物质）的指标，其意为单位数量培养料（风干）的物质，与培养产出子实体后的培养料消耗数量之间的比率。如 1 千克干料在完成一个生产周期的产出以后，还剩余 0.6 千克风干料，则该次生产的生物转化率为 40%，而与产出的菇品的数量无关；也就是说，不管其该次产菇多少，该次生产消耗掉了 40% 的料（营养）。尽管消耗掉的培养料中尚有部分物质并未作用于子实体，比如转为气体跑掉，比如结为菌皮而非商品菇等，即属于无端消耗，但在生产中难以计算，但是，目前只能用该种表示法。

第二节 市 场 概 念

1. 什么是无公害鸡腿菇？

无公害鸡腿菇，是指按照国家有关无公害标准和操作规范的要求，经国家相关部门认证合格、获得无公害认证证书，并允许使用无公害食用菌标志的未经过加工或者经过初加工的安全、优质、面向大众消费的鸡腿菇产品。

无公害鸡腿菇产品，可以使用较多品种的农药和化肥等，但是，具有一定的限制标准，较之普通鸡腿菇，生产操作具有相应的规范可资依据，其产品对食用者基本没有损害或损害较小，是政府部门规定的可以放心食用的优于普通产品的食用菌食品。

2. 无公害鸡腿菇生产有何标准？

无公害鸡腿菇，指的是无污染、无毒害、安全优质的鸡腿菇，其生产过程中允许限量使用限定的农药、化肥和合成激素。根据《无公害食品 食用菌生产技术规范》要求和规定，我国对于食用菌的检测指标主要包括感官指标和理化指标。

（1）感官指标 判定食用菌质量好坏的重要依据之一，正常食用菌应具有其固有的外形、色泽和香味，不得混有非食用菌，产品应无异味、无霉变、无虫蛀。

（2）理化指标 包括砷、铅、汞、六六六、滴滴涕含量 5 项指标。

铅：是一种有代表性的重金属，对人体有毒性作用，主要损害神经系统、造血系统、消化系统和肾脏。国家标准规定，每千克干食用菌铅含量不能超过 2 毫克，每千克鲜食用菌铅含量不能超过 0.5 毫克。

汞：俗称水银，在体内蓄积到一定量时将损害人体健康。食品一旦被汞污染，难以彻底除净，无论使用碾磨加工或用不同的烹调方法，如烧、炒、蒸或煮等都无济于事。国家标准规定每千克干食用菌汞含量不能超过 0.2 毫克，每千克鲜食用菌汞含量不能超过 0.1 毫克。

砷：元素在自然环境中极少，因其不溶于水，因此无毒，但极易氧化为剧毒的三氧化二砷，也就是砒霜。食用菌砷的污染主要来源于土壤和环境，如工业"三废"排放中常含有大量的砷。国家标准规定每千克干食用菌砷含量不能超过 1.0 毫克，每千克鲜食用菌砷含量不能超过 0.5 毫克。

六六六、滴滴涕：属高污染高残留农药，从 20 世纪 70 年代已经禁用，但由于六六六、滴滴涕在土壤中的残留期很长，所以在使用了这种农药的几十年后土壤中还存在着其残留物。国家标准规定每千克干食用菌六六六含量不能超过 0.2 毫克，每千克鲜食用菌六六六含量不能超过 0.1 毫克，每千克食用菌滴滴涕含量不能超过 0.1 毫克。

3. 如何申报"无公害食用菌（鸡腿菇）"？

生产者向当地县级（县、市、区、旗等）农业生态环保相应机构提出申请，县级农业生态环保机构接受申请后，对所申报产品的产地进行环境质量初步调查，并对申报材料进行初审，初审合格的报省农业环保总站（省无公害农产品管理相应机构）；经省农业环保总站对生产环境监测和农产品检测合格后，报省无公害农产品领导小组批准，颁发"无公害食用菌（或农产品）"标志和证书。该标志是经国家商标局登记注册的质量证明商标，是用以证明无公害食用菌（或农产品）的专门标识，具有明确的法定性和唯一性。

4. 什么是绿色鸡腿菇？

绿色鸡腿菇，就是按照绿色食用菌生产技术规范，经过国家相关职能部门（农业部相关机构）进行鉴定、验收和认证，符合我国绿色食用菌标准的鸡腿菇产品。

绿色鸡腿菇与有机鸡腿菇的区别是：前者属于政府鉴定和认证，属于强制性的政府行为；后者由具有有机认证资质的社会认证机构（社会团体）进行鉴定和认证，属于一种自愿基础上的社会经济行为，不具有强制性。但是，一般按食品质量而言，后者则高于前者。

5. 绿色鸡腿菇有何标准？

《NY/T 749—2012 绿色食品 食用菌》，即为绿色鸡腿菇的现行标准。该标准规定了绿色食品食用菌的术语和定义、要求、检验规则、标志和标签、包装、运输和贮存。

该标准适用于人工栽培和野生的绿色食品食用菌的鲜品、干品（包括压缩食用菌、颗粒食用菌）和菌粉，以及人工培养的食用菌菌丝体及其菌丝粉，包括香菇、金针菇、平菇、茶树菇、竹荪、草菇、双孢蘑菇、猴头菇、白灵菇、灰树花、鸡腿菇、杏鲍菇、黑木耳、银耳、金耳、毛木耳、羊肚菌、美味牛肝菌、榛磨、口蘑、松茸、鸡油菌、虫草、灵芝等食用菌。不适用于食用菌罐头、盐（油、酱、糖、醋）渍食用菌、水煮食用菌、油炸食用菌和食用菌熟食制品。

6. 如何申报绿色鸡腿菇？

根据绿色食用菌对产地环境、生产技术、原材物料以及产品检验要求等，向本地农业主管部门提出申请，然后统一上报省级（直辖市、自治区）农业主管部门，由省级农业主管部门统一上报农业部相关部门，在经过一系列检测、评价、鉴定等程序确认合格后，颁发相关证书以及允许使用"绿色食用菌"标志。

7. 有机食用菌的生产是什么概念？

有机食用菌，是从有机食品的概念延伸而来的一个名词，目前尚无有机食用菌的独立概念——根据有机食品的概念，有机食用菌是指来自于有机农业标准体系，在符合有机食用菌生产的生态环境中，根据国内或国际有机食用菌生产技术标准生产出来的、经具有认证资质的独立权威的有机食品认证机构认证，允许使用有机食品标志的食用菌子实体及其相关加工产品。

8. 有机鸡腿菇生产有什么要求？

有机鸡腿菇生产，关键要求有三点：第一，非转基因鸡腿菇菌种；第二，符合有机鸡腿菇生产的基地；第三，生产过程有具体的有机鸡腿菇生产技术规范。

9. 有机食用菌有何发展前景？

据资料，全球有机产品市场正在以每年 20% 以上的速度增长，几年内将达到 1000 亿美元，世界食品的有机化潮流为中国的有机食用菌发展提供了市场机遇。西方发达国家有机食品市场在不断发展，并且供不应求，基本要靠从发展中国家进口，我国是发展国家中的主流国家，国际上对我国的有机食品的需求也将越来越大，不少外商想进口我们的有机产品，而我国现有的有机食品的生产还远远不能满足国内外市场的需要，尤其我们的有机食用菌产业起步晚，发展速度偏慢，生产至今未成规模，而部分高端消费者热衷于选择有机食用菌，也是情理之中的必然，发达国家更是如此，因此，有机食用菌代表了食用菌发展的方向，是我们今后努力的目标，在相当长的一段时期内，市场空间很大，发展前景极其美好。

10. 如何申报有机食用菌？

有机食用菌申报的基本程序是：选择认证机构—出示和验证相关资质材料—洽谈认证品种和范围—按要求填写材料—修改和完善材料—等待检查结果—认证合格后颁发证书，或确认不合格时给予申报企业通知；如果审查不合格，则在本生产周期内不再接受该申报企业的申请。

两大关键：第一，做好有机生产的基础工作，包括场地选择、生产技术规范、相应的生产记录、有关的会议记录、引种证明、菌种的非转基因证明等；第二，按要求组织并提供材料。

这里请注意一个问题：虽然有机认证机构不是政府机构，但是，有机认证本身是个很严肃的事情；有机认证机构的检查人员深入企业进行检查，是不会提前通知受检企业、也不会接受受检企业的接待的，这与政府部门的工作检查是两个截然不同的概念，容不得半点虚假——除非认证机构弄虚作假。

11. 有机食用菌市场状况如何？

由于现代科技的发展，农业生产中使用了大量化学制品，如化学肥料、化学农药等，在大幅度增加产量的同时，缩减了产品的生产周期，并减少了病虫害防治的麻烦。但是，时下消费者对农产品"菜无菜香、菇无菇味"的诸多抱怨，其实早就暴露了该类问题的严重性。由于有机食用菌最大限度地还原了该食品天然的原始特质，故其原生态的口感和味道"重新"返回到人们的食用感觉上来，令消费者有一种返朴归真的感觉，因此，深受消费者的追捧也是必然的。有机食用菌的基本市场状况有如下几个特点：

第一，数量少、品种少。有机产品数量少或者极少甚至无货可供，这是我国有机食用菌市场的主要特点之一。我们从 2005 年至今，分别调研了北京、天津、秦皇岛、大连、济南、青岛、徐州、连云港以及广州、深圳等大中城市，尤其大型超市中的食用菌品种还算丰富，但具有"有机"标签的却是少之又少，多数城市甚至根本就没有"有机食用菌"的身影，令人遗憾。数年前我们在济南某新开超市中发现了多个"有机食用菌"标签的食用菌产品，但是，一夜之间便销声匿迹了，此后数年的连续调研，至今未见该超市有过"有机食用菌"上架，不知是被谁人一次性买断了？还是其它原因？近年来有机食用菌的申报和获批数量开始逐渐增加，说明我国的有机食用菌已经开步，并且发展态势良好，值得欣慰。

第二，质量高、价格高。有机食用菌，即便在业内，对于大部分人来说，也是个新鲜事物，按照我国以及国际有机食品的标准进行生产的有机食用菌产品，内在质量绝对是无可挑剔的了，如同返璞归真的食品，将不存在任何食品安全方面的担忧了；但是，尤其大中城市的超级市场，偶有"有机食用菌"应市，其价格也是令人咋舌，一般标价多在普通同种产品的 3 倍左右，甚至有的高出 8 倍之多，所以，目前来看，有机食用菌消费的尚不普及，除生产和产品数量上的极少不能满足市场等原因外，价位上的过于高端也在一定程度上限制了消费，这就是市场法则，这就是经济规律，这就是价格的杠杆原理，我们大家都是要适应的。

第三，看的多，买的少。我们曾在某大型市场看到过明码标价的"有机食用菌"，很多人驻足只是看看问问，而少有人购买——而购买的人，则不看价格，直接买走，据观察，20个感兴趣（驻足）者中，仅有一人买走；据分析，影响销量的因素，首先应该是价格问题，其次应该还有个信任度问题。

第四，产的销不了，要的买不着。据了解，国内为数不少的企业已获"有机食用菌"认证，但是，据说，多因"市场不好"而不再推销"有机食用菌"，而忍痛将之作为普通产品；另一方面，一些有机食用菌的消费者却因有机产品不能及时供货而苦恼，说明有机食用菌的产销之间还有很长的路要修，期待在相关部门的勤政之下尽快得以改观。

12. 什么是食用菌工厂化生产？

目前，因为层面高度或者其它一些不便说明的原因导致，关于"食用菌工厂化生产"含义的提法很多。我们认为，食用菌工厂化生产，应该是在按照菇类生长需要设计的封闭式厂房中，利用温控、湿控、风控、光控等设备创造人工环境，利用工业化设备进行自动化操作，采取标准化工艺流程高效率的生产；通过现代化企业管理模式，组织员工有序的生产；在一定的单位空间内，立体化、规模化、周年化栽培，产品达到安全绿色（有机）标准的优质食用菌，并通过包装、加工后销售到国内外市场。其目的是不接受季节变化带来的温度变化对生产发生影响、提高周年复种指数，提高设施和设备的使用效率，提高资金周转利用率，在短时间内获得可观经济效益的一种新型的现代农业企业化管理的栽培方法。简单地说就是在厂房中封闭式、设施化、机械化、标准化、有序化、规模化、自动化、周年生产食用菌，而绝非那种装上一台制冷机控温出菇就是工厂化生产了。

食用菌的工厂化生产，是欧洲发达国家在双孢菇生产中率先研究和发展，后在日韩等国又逐渐发展到金针菇等品种的生产中，由于整个企业的食用菌生产包括配料、装瓶、灭菌、接种、发菌、出菇以及采收等均不需要人工操作，大大节约了劳动力的同时，并节约了大量因人工而发生的生产成本以及管理费用及其管理难度，而被国际菌界普遍看好。近年被逐渐引入我国食用菌生产中，作为一个生产模式，"食用菌工厂化"是一个很认真的具有特定意义词汇，而非仅仅只是一个名词，或者可以被随便借用的名词。说到这里，不免需要提及以下两个问题，供读者参考。

第一个问题：食用菌工厂化不适合国情国力，建议不要过多引进和建设。真正的工厂化生产，设施设备价格很是昂贵，而且，运转费用也是水涨船高，不是任何人都可以投资的，尤其不适合发展中国家的投资水平，建议慎重引进，反对冒进，更反对利用（或冒领）财政资金后一窝蜂引进。

第二个问题：我国多年来的食用菌工厂化，相当一部分属于"醉翁之意"，建议政府撤除相关扶持。目前，我国境内尤其集中在东部地区，"食用菌工厂化生产"大行其道，比如山东的一个县级区域内，竟有七八家食用菌工厂化企业，据不完全调研，多是一些"拼凑工厂化"，也就是除出菇车间温度等为设备自控外，其余多为人工操作，比如配料、装袋、灭菌前后、发菌以及采收、分装包装等，据了解，由于炒作"工厂化生产"可以让财政资金大量流入企业，并稍后可以流入某些炒作者的腰包，所以，近十年来一些人就一味热炒不止，甚至，某些"裁判员"竟然就是该类企业的顾问、策划或技术总监——其实，财政资金的相当一部分并没有用于研究开发和推动食用菌产业化的良性发展，而是流入了个人腰包——这也就是近十年来热炒工厂化的根本动力所在。

我们认为，既然食用菌工厂化生产是一种企业行为，并且具有产量高、效益高等多重优势，何必又需要财政资金扶持？岂不是矛盾吗？再说，工厂化生产根本不具备对国农和企业的示范作用，对食用菌产业化也没有比如辐射带动、技术推广、产业发展以及安排周边居农工作等优势，对本地广大居农的增加收入也没有任何作用，根本不具备"共同富裕"的社会主义特征，既然如此，财政资金何必去扶持这样的企业？

一家之言，请读者不吝批评指导。

13. 食用菌工厂化生产有何标志性要素？

近几年来，尤其"全国第一届食用菌工厂化"商业性会议在山东梁山召开以后，我国的食用菌界，"食用菌工厂化"大行其道，我们考察了几个地方的"食用菌工厂"，有的仅有一套制冷机组实行控温（主要是降温），有的则多加一套喷雾设备，不变的是：人工（加机械或半机械）装瓶装袋制种、人工（加机械或半机械）装制栽培出菇袋、人工灭菌、人工接种、人工运输、人工采收等，如此的"食用菌工厂化"，令人费解；更令人不解的是，与食用菌工厂化不相吻合的是环境的严重不配套，譬如尘土飞扬，譬如紧靠农田或工业企业，譬如周边的医院、粉尘、化工等生产几与毗邻。2012年春季，我们有幸参观了山东某地的"国家级大型工厂化食用菌示范园"（未曾考证其"国家级"来历的可信性），该基地占地200亩，正在建设中，负责人饶有兴趣的介绍后，特别强调的是"在工厂化食用菌示范园内同步种植各种蔬菜、养殖野猪和土鸡、建造酒店和游泳池以及儿童游乐场等，形成真正意义上的吃住玩一条龙服务……"更是令人感到莫大的悲哀，项目执行人（企业老板）没有菌类业务知识不懂技术尚可原谅，但可气的是，该种项目竟然在主管部门的操作下得到了省市领导的批准，"省里每年500万的扶持资金"源源流向企业，据说，单是这一个项目的上马，该企业三年内即可有800万元左右的"盈利"，或曰"资金剩余"，并且，主管部门还煞有介事的将之宣传为"我省新上食用菌工厂化项目"等，而成为政绩之一；我们的"食用菌工厂化生产"之总体混乱程度，由此可见一斑。说到底，地市政府领导不懂食用菌工厂化，这还好理解，但是，专业人员尤其某些专家级人物为了一点私利，也跟着起哄架秧子，就是对技术的亵渎、对国家项目的不负责，进一步说，管钱管物的上级业务主管部门，如果听之信之、任其胡闹，试问：我们的食用菌工厂化势必走向歧途，我们的食用菌产业化还怎么搞？

只有具有以下八个明确标志，才是真正意义上的食用菌工厂化企业，特别请有关读者周知。

标志一：有封闭的工厂厂房；

标志二：有可自控的机械化自动生产装备；

标志三：有环境控制的设施设备；

标志四：有规范化、标准化的生产工艺；

标志五：有现代企业具备的组织与管理方式；

标志六：有固定的产量和规模；

标志七：可全天候周年生产；

标志八：有产品质量标准和营销品牌。

上述八个标志，缺一不可，否则，就不是真正意义上的食用菌工厂化企业，这是国际标准。

但是，有人依据"我国是具有中国特色的社会主义国家"的理论，在该"食用菌工厂化"的概念问题上，也要打"中国特色"牌，他们给出的结论是：即使制种、装袋、发菌、采菇等还是传统的人工操作，只要有可控温的出菇车间，就算做"工厂化"，就可以享受财政补贴——据不完全了解，仅山东地区，几年来就有一大批该类"中国特色的食用菌工厂化生产企业拔地而起"，最突出的某个县级区域内就聚集了数家"食用菌工厂化企业"，我们曾不止一次进入有关企业内，发现很多环节均为传统手工操作。该类企业在"工厂化"的光环之下，在模糊或混淆着真正的"食用菌工厂化"概念的同时，在套取着大量财政资金，并将人们的认识和食用菌工厂化的概念引向误区，我们深以为憾。

14. 食用菌工厂化生产有何典型特点？

特点一：周年化、生产稳定。生长环境由控制系统自动调节，能达到全年不分季节连续生产，天天生产，全年销售，改变了靠天吃饭的局面。

特点二：规模化、产量稳定。日产、年产量相对稳定，一般都在几吨、十几吨或几十吨，如同工业化生产产品，不存在淡旺季问题。

特点三：机械化、效率稳定。工厂化生产过程大多实现自动化、机械化，生产效率高而稳定，而且较之人工生产来说更加便于管理。

特点四：立体化、单产稳定。工厂化生产空间的利用高于普通大棚空间利用的2～4倍，单位面积产量大大提高，并且十分稳定。

特点五：标准化、质量稳定。标准化生产工艺为食用菌创造了适宜的生长条件，其质量较自然环境条件下要好得多，且达到食品安全标准（无公害、绿色或有机）。

特点六：管理先进、有序生产。通过现代企业管理模式，组织员工培训上岗，分工协作，有序生产，生产管理可以通过相关的资质认证。

特点七：包装加工，品牌销售。优质产品通过适宜的加工包装销往国内外高端市场，有注册的品牌商标。

15. 鸡腿菇能做工厂化生产吗？

就目前的技术水平来说，直接的答复就是：不可能！至少截止到今天，单从技术层面来看是不可能的。

曾听到过一种言论说：双孢菇可以实现工厂化生产，同样是覆土出菇的鸡腿菇也能工厂化生产，但愿梦想真的能够成真。

16. 菇洞栽培的就是质量最高的吗？

菇洞栽培的鸡腿菇，质量的确很高，包括其子实体色泽、白净度以及其菌盖菌棒的长度比例等。但是，"只有更好，没有最好"，即便是商品质量和内在品质都是很高，也不能说是最高，或者，可将之划定某个地区或某个范围内。

17. 反季节栽培鸡腿菇是什么概念？

与平菇、香菇等不同的是，鸡腿菇属于单纯的中温型菌株，并没有其它温型的菌株，因此，冬夏两个季节进行栽培出菇，就属于反季节栽培。低温季节的升温保温相对好解决，只有保持12℃左右（及其以上）就行，但在夏季，降温并力求温度的稳定，至今没有先例；唯有如本节所述的"菇洞栽培"，可以很稳定的保持温度在 18～22℃，所以，出菇质量很高。

18. 反季节栽培应该什么时间制种？

具体制种时间的计算方法：要求的出菇时间（具体月、日）倒退菌袋发菌时间 25 天（根据季节和温度适当增减时间）、倒退三级种发菌时间 25 天（根据季节和温度适当增减时间）、倒退二级种发菌时间 25 天（根据季节和温度适当增减时间）、倒退一级种发菌时间 10 天（根据季节和温度适当增减时间）、倒退覆土后的发菌时间 20 天（根据季节和温度适当增减时间）；比如，计划 7 月 15 日出菇，那么，一级种的具体制作时间是：

7 月 15 日－25 天＝6 月 20 日；6 月 20 日－25 天＝5 月 25 日；5 月 25 日－25 天＝4 月 30 日；4 月 30 日－10 天＝4 月 20 日；4 月 20 日－20 天＝3 月 30 日；然后，两个生产环节之间的准备和衔接时间减去 30 天左右，上半年的温度偏低等原因再减去 45 天左右，那么，该生产应在年前的 12 月上中旬开始，才能保证按计划出菇。

19. 反季节栽培应该什么时间播种？

根据计划出菇的时间倒退 50 天左右。详见本节 18 等相关内容，不再赘述。

20. 反季节栽培应该什么时间覆土？

根据计划出菇的时间倒退 20 天左右。详见本节 18 等相关内容，不再赘述。

21. 反季节栽培有哪些关键技术要点？

反季节栽培的关键技术要点是：
（1）提前制备合格菌袋。
（2）提前处理栽培环境，尤其夏季的消杀工作必须十分到位，原则是：宁过勿缺。
（3）确保温度的调控符合鸡腿菇的生物学特性要求。

（4）夏季栽培的采收，必须打提前量，最佳五六成熟；低温季节的栽培，可以放宽到八分熟以后。

22. 如何看待鸡腿菇市场？

鸡腿菇的市场，可用一句话概括，即：好种不好卖、好吃不好买。

鸡腿菇的一个典型特点就是：子实体的老化速度快，一旦温度稍高或时间稍长，菌盖就会开伞，很快即会自溶，不但自身失去商品价值，而且还会污染其它商品或环境，所以，鸡腿菇的销售问题制约了该产品在市场上的普遍程度，从而又对其生产发生了很大的制约作用。另一方面，鸡腿菇由于特有的鲜嫩和食疗作用，消费者对其情有独钟；早在 2000 年，济南一家餐馆用鸡腿菇鲜品做出了十几个菜品、煲汤以及鸡腿菇水饺、鸡腿菇素包等数个主食，食客赞不绝口，消费者对鸡腿菇的喜爱程度可见一斑。上述两个方面，就是鸡腿菇市场的两个关键点——如何将之进行合理的结合，就是破解鸡腿菇生产与市场难题的瓶颈。

23. 如何看待反季节鸡腿菇市场？

由于栽培设施等条件制约，反季节鸡腿菇的市场一直很是通畅，以山东为例，菇洞栽培的鸡腿菇产品，一直被客商定点全包，全部进入北京等市场。据了解，反季节鸡腿菇，多是定向（点）供应，因此，就会形成多数市场见不到货、个别市场常年供应的局面，很是奇特。

24. 如何看待鸡腿菇盐渍品市场？

由于常规生产的鸡腿菇多因鲜销不及，菇生产者尤其规模生产基地干脆不予鲜销，而将之直接进行盐渍处理，那么，盐渍品市场如何？

鸡腿菇盐渍品市场在 20 世纪末期曾有过一段高位运行，一度高达八千元乃至近万元的高价令人振奋；但进入新世纪初年的 2002 年，一度跌至低谷，最低时吨价仅有 2000 元左右，损伤了一大批生产者，此后，鸡腿菇再无此前的那种生产热度，十数年过去，至今仍无恢复迹象，令人遗憾。

25. 如何看待鸡腿菇罐头市场？

鸡腿菇罐头，是 20 世纪 90 年代末期鸡腿菇生产鼎盛时期的一个试验产品，曾经一度风靡各农贸市场，但是，新世纪初年即销声匿迹了，其原因详见本节 24 等相关内容；可以肯定地说，鸡腿菇罐头制品，作为一种对鸡腿菇鲜品销售的补充手段，对于方便和引导消费、扩大栽培生产等，具有非常的积极意义——我们所说的是鸡腿菇清水罐头，而非盐水罐头。山东曾有某企业将之做成软包装饱和盐水鸡腿菇，无人问津，最终因销售问题以及其它原因导致企业损失巨大。

26. 如何看待鸡腿菇干品市场？

鸡腿菇干品，市场不大，一旦有要货者，可以出到很高的价格，但平时少有人要货，一般的生产者包括企业尤其反感压货，所以，少有生产；另外，今年很少有规模化生产基地，偶有顺季生产，也因量少而用作鲜销，尤其反季节栽培，概以鲜品走货，绝不会再行加工为干品等待销售。但是，牵涉存放保管以及比如配菜等要求，市场对鸡腿菇干品肯定会有需求，如猴头菇干品、香菇干品等。

27. 什么是富硒鸡腿菇？

根据试验数据和生产设计，在鸡腿菇栽培基料中加入适量的硒元素，硒元素经过双孢菇菌丝的分解转化，通过菌丝体吸收并转移到子实体中，使鸡腿菇产品中含有一定数量、符合国家相关食品（蔬菜）标准的硒元素——该种双孢菇即为富硒鸡腿菇——此后，根据相关试验数据研制出"富硒鸡腿菇营养料"，以后的生产根据既有的配方进行配料，即可产出合格的富硒鸡腿菇产品。

这里有一个概念中的关键词，就是"符合国家相关标准"，而不是任意的含量。

28. 如何看待富硒鸡腿菇市场？

富硒鸡腿菇，是近两年才小批量现身市场的全新意义上的食用菌新宠，众所周知，硒元素是人体必需元素之一，我国三分之二以上地区属于硒缺乏区，绝大多数居农的硒元素摄入量严重不足，导致恶性疾病发生率和死亡率居高不下，并且，近年来有日渐升高的趋势，迫切需要加强相关措施，提高全体居民的健康水平。

富硒鸡腿菇的开发应市，将为广大城市以及缺硒地区的居农群体提供一项行之有效的补硒措施，其对社会产生的积极作用和意义是肯定的。但在富硒农产品开发的时候，对其含硒量，必须符合NY 861—2004《粮食（含谷物、豆类、薯类）及制品中铅、镉、铬、汞、硒、砷、铜、锌等八种元素限量》的要求。

对于一般消费者来说，富硒鸡腿菇乃至富硒食用菌，只是个新鲜名词，并没有深入的了解，这是情理之中的。对此，笔者有一个很科普的形容：富硒食用菌与普通同品种的食用菌比较，形态相同、色泽相同、口感相同，表面上根本没有任何高贵或可贵之处，根本区别就在于内在质量——关键是含有符合国家标准的硒元素，但是，该指标只有经过相关部门的检测才能确认。

环境质量、大气质量、废气超标、食物含有农药化肥残留等问题，导致我们对食物的"集体失信"，情况真的很严重，尤其癌症的发生率日渐上升、死亡率同步升高，以及怪病的增多等，因此，迫使人们寻求合适的放心的解决办法，富硒鸡腿菇等食用菌产品无疑成为人们的最佳选择。我们有理由相信：不远的未来，富硒农产品将很快波及多数农产品品种，尤其更多富硒食用菌品种的不断推出，人们的健康状态将会得到不断提升，各种癌症的发生和死亡率将随着富硒蘑菇产品的进入家庭，而呈快速下降的状态，人们的生活和生存质量以及幸福感必将得到大幅度的提高。

29. 什么是含钒鸡腿菇？

通过一定技术手段，在不改变生产模式的前提下，将普通鸡腿菇产品生产成"含钒菇"，是近年来食用菌产业中的重大技术成果之一。目前，我们研究鸡腿菇的含钒量业已达到0.021毫克/千克，与我国唯一含钒矿泉水中的钒含量相等，对于降低糖尿病患者的血糖水平具有意想不到的食疗效果。

30. 如何看待含钒鸡腿菇市场？

钒是人体所需的矿物质，其对人体健康方面的作用，营养学界、医学界仍处在进一步发掘的过程中，但可以确定，钒对人体的重要作用，主要体现在协助神经和肌肉的正常运作，防止胆固醇蓄积、降低过高的血糖、防止龋齿、帮助制造红血球等；研究表明，吸烟会降低钒的吸收。中国科学院的研究表明，钒化合物可以降低Ⅰ型和Ⅱ型糖尿病血糖，促进葡萄糖转运和糖原合成，具有"类胰岛素作用"。国内外不少糖尿病患者通过矿泉水或含钒平菇等食物补充体内钒元素、使血糖降至正常水平的事实证明：钒在人体内具有胰岛素同样的功效，促进脂肪合成，抑制分解的作用；具有生物活性和药物功能的钒，引起生命科学、药学、化学多个领域的关注。

我们深信，我国随着经济的正常发展、社会的更加健康，人民的饮食文化也将有巨大发展，在吃好、好吃的基础上，关注健康、注重保健，必将成为饮食主流，因此，具有食疗作用的含钒菇，必将成为人们的热门食物，成为保障人们健康的必需食品。

31. 什么是高锌鸡腿菇？

锌，是人体所需微量元素的一种，在人体内的含量以及每天所需摄入量都很少，但对机体的性发育、性功能、生殖细胞的生成却能起到举足轻重的作用，素有"生命的火花"之称。美国某大学的研究发现，聪明、学习成绩好的青少年，体内的含锌量均比愚钝者高，说明锌元素对于人类智慧的作用。

利用生物技术手段，将锌元素通过鸡腿菇菌丝的分解吸收，富集到鸡腿菇子实体中，让人们在食用鸡腿菇食品的同时，摄入一定数量的锌元素，为人体增加大量"生命的火花"，是该研究的初衷。

32. 如何看待高锌鸡腿菇市场？

除本节 31 所述锌元素对人体的益处外，锌还有促进淋巴细胞增殖和活动能力的作用，对维持上皮和黏膜组织正常、防御细菌、病毒侵入、促进伤口愈合、减少痤疮等皮肤病变以及校正味觉失灵等均有不可替代的作用。目前，国内市场上繁多的"补锌产品"，其市场切入点无外乎四点：一是促进儿童的智力发育；二是加速青少年身体的生长发育；三是维持和促进视力发育；四是对机体的性发育、性功能、生殖细胞的生成起到举足轻重的作用。近年来电视上的"补锌"广告铺天盖地，口服液、奶制品、饼干等，简直到了"无食不锌"的程度，排除假冒伪劣产品以外，众多商家争做补锌食品，起码说明了锌元素对人体的重要性。

高锌鸡腿菇，顺应发展潮流，适应市场需求，我们可以很有信心地看到：高锌鸡腿菇必将在众多食用菌产品中独树一帜，为广大消费者带来健康，带来活力！

33. 什么是功能食品？

功能食品一词最早于 1962 年由日本提出，目前各国叫法不一，有的称之为健康食品、营养食品，有的称之为改善食品。在我国，称之为功能性食品或者保健食品。

功能食品的概念，是指具有营养功能、感觉功能和调节生理活动功能的食品。其范围包括五大类：增强人体体质的食品、防止疾病的食品、恢复健康的食品、调节身体节律的食品和延缓衰老的食品。功能食品的研究与开发在我国尚属新兴学科和领域，是多学科、多领域交叉和融合的新型食品，涉及营养、生理、生物、食品等多个学科。

34. 什么是功能鸡腿菇？

功能蘑菇，是最近才被逐渐提及的新名词，如果因此有人说我们太超前，那也是很自然的事，因为，科技是在不断进步的，社会是在不断发展的，唯有意识超前，才能研究新技术，才能高瞻远瞩、放眼未来。功能蘑菇的基本概念应该是：具有正常蘑菇的外部形态，不会被怀疑为第二种食品；在此基础上，应具有对于大众健康有利、对某类非健康状态问题或病种有比较确切的功效、健康人群食用后更加增强免疫等效果。

35. 如何看待功能鸡腿菇市场？

功能鸡腿菇，我们给出的定位是：较之普通同类品种，额外含有多种对人体有益的营养元素，对食用者人体补充营养元素、防病抗病、抑抗癌瘤、强身健体等均有明确的效果，按照字面意思解释就是"具有某些特定功能的蘑菇"。如锌，参加人体内许多金属酶的组成，包括维持性器官和性机能的正常、参加免疫功能过程、增强免疫机制，提高抵抗力等；如硒，对于癌细胞具有独特的靶向性，是人体必需的重量级微量元素；再如钒，在人体内等同于胰岛素，国内外不少糖尿病患者通过含钒矿泉水或含钒平菇等食物补充钒，血糖降至正常，等。目前国内的食品市场上单元素食品并不少见，比如含锌口服液、钙奶饼干、富硒平菇、富硒香菇、富硒双孢菇等，但是，将上述三种营养元素进行有机结合、使之集合于一种食用菌的产品中，产出"功能鸡腿菇"，则是我们的最新研究成果，为国内首创。

功能鸡腿菇的研究成功，是我国食用菌技术研究达到新高峰的标志牌，是我国食用菌产业上档升级的转折点，也是国人保健、抗病、防癌的有力保障——希望有识之士迅速进入开发，尽快产出更多"功能蘑菇"，满足消费者需要的同时，为我国人的健康增添一道营养型的健康食品！

第二章 鸡腿菇栽培问题

第一节 基 本 问 题

1. 什么是毛头鬼伞？

毛头鬼伞，又称毛鬼伞、鬼盖、地盖、鬼伞、狗尿苔等，自然分布于国内大部分地区，子实体较大，菌盖成熟前呈圆柱形，高达9～11厘米，当开伞后很快撑开为伞状，菌盖直径3～20厘米甚至更大，边缘菌褶溶化成墨汁状液体，表面褐色至浅褐色，并随着菌盖长大而断裂成较大型鳞片；菌肉白色；菌柄白色较细长，圆柱形且向下渐粗，长7～25厘米，粗1～2厘米不等。

毛头鬼伞一般可食，但因其含有微毒，尤其与酒类同食时，个别人会发生中毒现象，如恶心、呕吐、腹痛甚至抽搐等。

2. 什么是鸡腿菇？

鸡腿菇，又称鸡腿蘑，其实就是毛头鬼伞的人工驯化栽培菌株，因其形如鸡腿、肉如鸡丝而得名，是人工开发的具有一定商业潜力的食用菌品种。

3. 鸡腿菇只能使用草料栽培吗？

鸡腿菇属于草腐菌，一般条件下的商品生产只能使用草料基质，尤其20世纪90年代，刚刚开发该品种的试验性栽培时，几乎无一例外地使用草料；此后随着棉籽壳等原料的不断涨价，后因新世纪初年的鸡腿菇价格一落千丈，使用棉籽壳原料栽培的产品已无利润空间，在菇民和科技人员的共同努力下，逐渐开发出了诸如各种秸秆原料、多种工农业下脚料（副产品）原料等，并且取得了理想的生产效果。

4. 使用粪草料栽培是否可行?

粪草料栽培鸡腿菇,效果同样理想,部分试验生产中还表现为由于纯草料基质缺少有机氮源而使得发菌时间长、菌丝壮旺程度不足等而导致出菇晚、耽误了最佳市场时机、产量偏低、影响生产效益等一系列负面问题——只是必须首先将粪肥进行彻底发酵,否则,菇品表面可能会有不同程度的异味——这也是该品种菇品的味道易被同化的特性。当然,并不是非加粪肥不可,只是将之作为一种营养组成,比如,如果未使用粪肥的配方即已达到合理水平,此时再强行加入大量粪肥尤其是未经腐熟的粪肥材料,则其生产效果将会朝向相反,而不会以谁的意志为转移。

5. 木屑是否可用于栽培?

从济南某村外的陈年树桩上,我们发现了一丛鸡腿菇子实体在旺盛生长,用生机勃勃来形容都有点不足以表达,紧贴树桩的地面上巨大的一丛鸡腿菇足有 2 千克,鲜嫩程度令人顿生食欲,经过分离驯化、脱毒处理,我们将之用于商品生产,获得了理想的生产效果。并将之还原木质基质栽培,亦取得了较好的结果。该结果表明:作为草腐菌的鸡腿菇,可以使用木屑基质进行栽培——只是要将之进行适当处理。

6. 整稻草是否可用于栽培?

整稻草进行鸡腿菇栽培,效果很好。

7. 稻壳是否可用于栽培?

使用稻壳栽培鸡腿菇,效果不错。该问题与本节 6 的问题相同——只是需要根据要求进行处理。

8. 长麦草是否可用于栽培?

该问题与本节 6 的内容类同,请直接参照,不再赘述。

9. 麦糠是否可用于栽培？

该问题与本节 7 的内容类同，只是咨询者所处地域不同，请直接参照，不再赘述。

10. 木糖渣是否可用于栽培？

可以。要点问题是：①必须进行除酸处理，并使其 pH 值保持相对稳定；②必须配合其它原料；③科学配方。

11. 糠醛渣是否可用于栽培？

详见本节 10 等内容，不再赘述。

12. 蔗渣是否可用于栽培？

蔗渣的含糖量较高，容易酸化；如果蔗渣颗粒较大，应予先做粉碎处理；必须进行相应的除酸处理，然后才能进行栽培。

13. 中药渣是否可用于栽培？

中药渣栽培的效果很好，只是要取得配伍组方，证明其中绝对不含任何有毒品种，此其一；其二，中药渣是熟料，尤其高温时节，一旦干燥不及，就会发生大面积链孢霉等类杂菌污染，必须予以防范和处理，特别应注意生产场所，不要被链孢霉类污染。

14. 沼渣是否可用于栽培？

不但可以，而且具有极好的生产效果——尤其以粪肥为沼气原料的沼渣，效果更好。

15. 酒糟是否可用于栽培？

酒糟原料用于栽培鸡腿菇，具有意料不到的理想的生产效果，山东济南的专业生产鸡腿菇的菇民，尤其钟情于酒糟原料。

16. 菌糠废料是否可用于栽培?

菌糠废料,可以用于栽培鸡腿菇,而且效果不错——前提条件是:主要以棉籽壳等类原料熟料栽培的基质为主,而且,效果最好的当属设施化栽培的,出菇时间短,菌棒接受菌丝分解的时间短。

17. 玉米芯栽培鸡腿菇效果如何?

玉米芯栽培鸡腿菇,属于常规技术,效果很好。

18. 玉米芯栽培鸡腿菇有何配方?

基本配方:玉米芯 200 千克,麦麸 50 千克,复合肥 3 千克,尿素 3 千克,石灰粉 10 千克,石膏粉 3 千克,三维精素 120 克(1 袋)。

有以下两点可以灵活运用:

第一点,高温季节播种的发酵料栽培,还应加入赛百 09 药物 100~150 克;熟料栽培时,可减去尿素。

第二点,可以减去麦麸,用沼渣 100~150 千克替代;没有沼渣资源的,可增加 2 千克复合肥,不论发酵料栽培还是熟料栽培,一定要在拌料时加入,共同进入发酵。

19. 木屑栽培鸡腿菇效果如何?

从理论角度来说,鸡腿菇是不能分解和利用木屑原料的,但是,我们在发现了着生于树桩上的野生鸡腿菇后,就开始做了该类试验,证明是可以的。

20. 木屑栽培鸡腿菇有何配方?

木屑配方一:木屑 110 千克,棉籽壳 100 千克,麦麸 30 千克,豆饼粉 5 千克,复合肥 4 千克,尿素 2 千克,石灰粉 15 千克,石膏粉 3 千克,三维精素 120 克。

木屑配方二:木屑 110 千克,玉米芯 100 千克,麦麸 30 千克,豆饼粉 10 千克,复合肥 5 千克,尿素 3 千克,石灰粉 15 千克,石膏粉 3 千克，三维精素 120 克。

发酵料栽培时，按常规操作即可。熟料栽培时，将木屑加入石灰粉的一半进行发酵，约 10 天左右再按常规进行拌料和发酵，完成发酵后再行装袋、灭菌等操作。

21. 整稻草栽培鸡腿菇效果如何？

整稻草栽培鸡腿菇，主要是做草把、菌畦式栽培。具有前期不能省工省力，也不方便操作，但后期菌墙的整体生态效果比较好的特点，虽然生物学效率稍低，但从分解秸秆资源、延长生物链等社会效益来看，效果还是很理想的。

基本处理：将整稻草成捆铺开，浇水湿透后，按照配方的比例撒上石灰粉，层层码高，直至铺完；平均气温高于 10℃ 以上时，每 3 天翻垛一次，意在使稻草充分吸水；约翻垛 3 次后，即可在菌畦内按照一层稻草撒一层辅料和菌种的办法，铺厚 20 厘米即可。

注意要点是：播种后必须喷水，但不要有多余的水流走。也可按照小菌垛的栽培模式，比如长宽各 20 厘米左右，高 30 厘米左右，按照一层稻草撒一层辅料和菌种的办法，达到高度时即停，间隔 0.8～1 米的距离再建新垛。应注意菌垛内的温度，不要超过 30℃。

22. 整稻草栽培鸡腿菇有何配方？

基本配方：稻草 200 千克，麦麸（或米糠）50 千克，豆饼粉 3 千克，复合肥 4 千克，尿素 3 千克，石灰粉 12 千克，石膏粉 5 千克，三维精素 120 克。

23. 稻壳栽培鸡腿菇效果如何？

稻壳栽培鸡腿菇，做菌畦直播或装袋播种，栽培效果不错。基本处理是：将稻壳浇水湿透后，加上石灰粉的 50% 进行堆酵，如进行熟料栽培，堆酵 5 天左右，低温时段可延长至 10 天左右，再与其它原辅材料共同拌匀装袋；如进行发酵料栽培，则在稻壳堆酵

5天后，与其它所有原辅材料共同拌匀进行发酵处理。其余按照本节21的方法进行处理后，栽培效果不错。具体参考本节21等内容，不再详述。

24. 稻壳栽培鸡腿菇有何配方？

基本配方一：稻壳或麦糠110千克，棉籽壳90千克，麦麸（或米糠）45千克，豆饼粉5千克，复合肥4千克，尿素2千克，石灰粉10千克，石膏粉5千克，三维精素120克。

基本配方二：稻壳或麦糠100千克，玉米芯90千克，麦麸（或米糠）50千克，豆饼粉10千克，复合肥6千克，尿素3千克，石灰粉12千克，石膏粉5千克，三维精素120克。

高温时段的发酵料栽培，还应加入赛百09药物100～150克。熟料栽培时，可将尿素减掉。

25. 长麦草栽培鸡腿菇效果如何？

具体参考本节21等相关内容，不再赘述。

26. 长麦草栽培鸡腿菇有何配方？

具体参考本节22等相关内容，不再赘述。

27. 麦糠栽培鸡腿菇效果如何？

具体参考本节23等相关内容，不再赘述。

28. 麦糠栽培鸡腿菇有何配方？

具体参考本节24等相关内容，不再赘述。

29. 木糖渣栽培鸡腿菇效果如何？

木糖渣，作为一种比较丰富的资源，近年来才被逐渐用于食用菌栽培，从不断的试验和中试性栽培鸡腿菇来看，具有比较理想的栽培效果——虽然还有一些技术问题需要解决，但是，作为一种新的工业产品的下脚料资源，应用效果还是很理想的。

30. 木糖渣栽培鸡腿菇有何配方？

基本配方一：木糖渣（以干品计）110 千克，棉籽壳 100 千克，麦麸 37 千克，豆饼粉 3 千克，石灰粉 12 千克，石膏粉 5 千克，复合肥 6 千克，尿素 2 千克，三维精素 120 克。

基本配方二：木糖渣 100 千克，玉米芯 95 千克，麦麸 40 千克，玉米粉 10 千克，豆饼粉 5 千克，石灰粉 12 千克，石膏粉 5 千克，尿素 2 千克，复合肥 6 千克，三维精素 120 克。

高温时段的发酵料栽培，还应加入赛百 09 药物 100～150 克。可熟料栽培，也可发酵料栽培，根据生产季节和操作技术等条件因地制宜，不必强求一致。具体可参考前述相关内容。

31. 糠醛渣栽培鸡腿菇效果如何？

糠醛渣的原始原料及其化学性质与木糖醇渣相同，具体可参考本节 29 等相关内容，不再赘述。

32. 糠醛渣栽培鸡腿菇有何配方？

具体可参考本节 30 等相关内容，不再赘述。

33. 蔗渣栽培鸡腿菇有何效果？

蔗渣栽培鸡腿菇，与其它工业下脚料的栽培效果相似。

34. 蔗渣栽培鸡腿菇有何配方？

具体可参考本节 30 等相关内容，不再赘述。

35. 中药渣栽培鸡腿菇有何效果？

中药渣，只要不含有毒品种，均可用于栽培鸡腿菇，并且效果不错；但是，如果其中含有一些如金银花、菊花类品种，则会在熟化后呈黏黏糊糊的状态，无论装袋播种还是菌畦直播，均会因通透性不好而使生产受损，更不能用于熟料栽培；如果含有甲壳类、矿物质类，可将之粉碎后予以利用，也可去掉不用。

36. 中药渣栽培鸡腿菇有何配方？

基本配方一：中药渣（以干品计）120 千克，棉籽壳 100 千克，麦麸 30 千克，石灰粉 10 千克，石膏粉 5 千克，尿素 2 千克，复合肥 6 千克，三维精素 120 克。

基本配方二：中药渣（以干品计）120 千克，玉米芯 80 千克，麦麸 40 千克，玉米粉 10 千克，石灰粉 12 千克，石膏粉 5 千克，尿素 2 千克，复合肥 6 千克，三维精素 120 克。

高温时段的发酵料栽培，还应加入赛百 09 药物 100～150 克。

37. 沼渣栽培鸡腿菇有何效果？

沼渣，尤其是使用粪肥原料的沼渣，栽培鸡腿菇的效果很是理想，只要解决基料的通透性问题，沼渣的效果应该比其它原料的优势大得多——只是该类资源不多，无法大面积进行技术推广。

38. 沼渣栽培鸡腿菇有何配方？

沼渣，几乎可与任何原料相配合用于栽培鸡腿菇，配方的主要根据是发生沼气的原料其营养如何，以及相配伍的原料的颗粒度等。下面的配方是根据牛粪原料的沼渣进行设计的，可作为基本配方参考；如使用鸡粪原料的沼渣，可适当减少沼渣比例，并加大石灰粉用量；如使用秸秆原料的沼渣，可适当增加使用比例，或加入适量氮源物质，以保障营养的平衡。

沼渣 150 千克，玉米芯 100 千克，石灰粉 12 千克，石膏粉 5 千克，复合肥 5 千克，三维精素 120 克。

要点有二：第一，沼渣的颗粒度及其营养成分因产气原料的不同而有很大区别，故应在使用前予以了解，无法鉴别时可采样进行化验分析，根据分析结果进行配方设计；第二，玉米芯原料的粉碎粒度应较常规稍大，以解决基料的通透性问题。

39. 酒糟栽培鸡腿菇有何效果？

酒糟原料，是近年来广泛用于栽培鸡腿菇的主要原料之一，尤其山东济南等地，当地的酒糟资源几乎全被用于鸡腿菇栽培，一到生产季节，该地弥漫着浓重的酒糟气味并混合着基料发酵的特殊气味，稍有经验者便知是进入鸡腿菇生产季节了。酒糟栽培鸡腿菇的生产效果很是理想，是继玉米芯之后的最佳原料之一。

40. 酒糟栽培鸡腿菇有何配方？

基本配方一：酒糟（以干品计）100千克，棉籽壳100千克，麦麸50千克，石灰粉12千克，石膏粉5千克，复合肥5千克，三维精素120克。

基本配方二：酒糟100千克，玉米芯100千克，麦麸40千克，玉米粉10千克，豆饼粉5千克，石灰粉10千克，石膏粉5千克，复合肥5千克，三维精素120克。

要点：酒糟原料应予晒干，最大限度地祛除酸味；棉籽壳可使用大粒型产品；配料前先将酒糟加入石灰粉进行1~3天堆酵，使之稳定；配料时尽量提高pH值；配方中要有石膏粉或者碳酸钙；发酵料可每天翻堆，发酵5~8天即可，气温低于15℃时应延长5天左右；熟料栽培时应予发酵5天后装袋、灭菌。

41. 菌糠废料栽培鸡腿菇有何效果？

菌糠废料栽培鸡腿菇，效果理想。具体可参考本节16等相关内容，不再赘述。

42. 菌糠废料栽培鸡腿菇有何配方？

基本配方一：菌糠120千克，棉籽壳90千克，麦麸50千克，豆饼粉3千克，石灰粉12千克，石膏粉5千克，复合肥6千克，尿素2千克，三维精素120克。

基本配方二：菌糠120千克，玉米芯80千克，麦麸40千克，玉米粉10千克，豆饼粉4千克，石灰粉15千克，石膏粉5千克，复合肥6千克，尿素2千克，三维精素120克。

此处所指菌糠，为棉籽壳主料、熟料栽培、设施出菇后的剩余物，无污染、无病害、没有发生过虫害等，更没有因为病虫害而对菌袋用过杀菌杀虫药物，预防性用药不在此列。

要点：气温高时的播种，应加入赛百 09 药物 100～150 克。

43. 鸡腿菇栽培需要什么辅料?

长期的研发实践中，我们通过各种途径在基料中添加包括氮源、中微量元素等物质在内的各种辅料，获得了比较理想的第一手资料，并由此产生了较成熟的生产配料等技术，基本辅料品种及其要点如下：

(1) 氮源物质　一般食用菌生产上，要求有一定的碳氮比，但是，就时下的原料而言，无论选用什么原料，其氮源比例远远不能满足需要，实践证明：一定数量的氮源物质，可以有效促进鸡腿菇菌丝的发育和子实体的生长。一般来说，麦麸或米糠、豆饼粉（大豆粉）是平时主要的有机氮源物质，此外还应添加一定比例的尿素或复合肥。在某些豆饼等资源受限的地区，包括棉籽饼、茶籽饼等可以作为有机氮源也可进入基料，并具有较为理想的长效作用。此外，还可添加诸如猪粪、鸡粪、牛羊粪等畜禽粪便，生产效果也很是理想。

要点：粪肥原料的使用，前提是必须充分发酵、腐熟，不得使用新鲜粪肥，尤其鸡粪更是如此。

(2) 石灰粉　鸡腿菇的典型特点之一就是耐碱性高于一般食用菌品种，所以，应根据主要原料的不同添加相应的石灰粉，不但可以有效地补充钙质元素，而且对破坏原料表面的蜡质层、提高基料的 pH 值、发酵料栽培时抑制或杀灭部分杂菌病原菌等，具有无可替代的作用。

要点：石灰粉的含水率差别很大，我们提倡购入生石灰后自行分解石灰粉，装袋备用；一般市售石灰粉的含水率过高，使用时应按照配方的比例、根据石灰粉的含水状况适当增加用量。

(3) 石膏粉　因为石灰粉不可或缺地进入基料，所以，石膏粉对基料钙质的补充作用可以忽略不计，但是，作为一种添加剂，石膏粉的缓冲作用是其它辅料不能替代的。尤其某些原料中加入的石灰粉较多，经过发酵处理后 pH 值还是较高，一旦进入发菌期，基料中所产生的有机酸会使其 pH 值很快降低，但是，由于石膏粉的缓冲作用，即可使得 pH 值呈缓慢降低的态势，平菇菌丝即可生活在比较平稳的酸碱环境中，此其一；其二，石膏粉还具有良好的降温作用，尤其高温时节的发菌，往往品温过高，轻则使菌袋接受高温刺激，重则发生烧菌现象，而石膏粉的降温作用则可明显地减轻该类危害。

要点：不必要使用那种"点豆腐"的熟石膏，只选择建筑工程上使用的石膏粉就可以了。

（4）过磷酸钙 又称普钙，具有添加磷类营养物质、降低和平稳基料 pH 值的作用。由于近年来国内土壤中 P_2O_5（五氧化二磷）含量的大面积提高，再使用该种过磷酸钙的边际效益很差，所以，农业生产上很少直接投入过磷酸钙，致使工业企业目下较少生产该种低浓度肥料，目前，很多地方已经难以购到，因此，近年的配方中，我们将复合肥（N、P_2O_5、K_2O 各 15%～18%）作为主要肥料添加到基料中，取得了很好的效果。不少市场还有钙镁磷等磷肥品种，也可使用——尤其在如鸡腿菇、双孢菇、姬松茸等发酵期长、腐熟度高的基料中添加效果较好。

要点：如果使用过磷酸钙，请选择酸味较重、P_2O_5 含量 12%～14% 的产品。曾有很多乡镇企业或小作坊使用硫酸直接与磷矿粉混合反应后即作为商品出售，含量不稳定尚在其次，关键是那些硫酸只是废酸，杂质和重金属或有害物质严重超标，对食用菌菌丝不但没有营养价值，反而会产生负面作用。

44. 麦麸辅料的特点是什么？

麦麸，作为有机氮源进入基料，典型特点就是长效性，缓慢释放营养物质被菌丝吸收利用；但是，如果作为发酵料或生料栽培，同等情况下，将会更多的发生污染，并且，特殊的粮香味会在短时间内招致大量害虫趋味而来。业界有一个说法，就是既然食用菌生产属于"点草成菇"，那么，应当进行彻底的"无粮型"操作，麦麸算是粮食的一部分，因此，也不可使用——该观点尚未得到业内的认可，况且，也没有相应的标准参考，所以，目前为止，是否使用麦麸，还是应该根据生产者自身的情况而定，不必强求。

45. 麦麸辅料的基本要求是什么？

主要要求就是新鲜，不得有霉变等。实际生产中，我们曾经要求使用大片麦麸，原因是该种材料是小型机器加工的副产品，营养价值相对较高，在基料中缓慢释放，菌丝可长效利用；但是，从利用现实来分析，越是大片，表面积越小，菌丝分解的机会相对越小、利用率越低，因此，只要是新鲜材料，还是细碎一些对菌丝有利。

46. 如何选购麦麸辅料？

根据长期的研发经验，我们发现：有个别的麦麸包装商品中，含有可疑的材料如木屑、细沙等，尽管尚无证据证明该类物质对鸡腿菇的危害程度，但其对栽培生产没有益处是可以肯定的。因此，我们倾向于就近在当地采购小磨坊即时产出的麦麸产品，其中理由，我想不必多说。

47. 米糠辅料的特点是什么？

米糠的特点是细碎而均匀，营养价值较高，其余参考麦麸等相关内容。

48. 如何选购米糠辅料？

具体可参考本节 46 等相关内容。

49. 豆饼粉（大豆粉）辅料的特点是什么？

豆饼粉，蛋白质占 38.73%、脂肪占 6.83%、纤维质占 5.30%、无氮浸出物占 26.59%、矿物质占 4.93%。主要特点是氮素含量高，并可缓慢释放，可使基料长期保持基本的碳氮比（C/N）不会急速下降，令菌丝生长无忧；大豆粉的特点与豆饼粉相同，只是没有榨出油脂，营养更高。

50. 如何选购豆饼粉？

实际生产中，我们不倾向于直接购买商品豆饼粉，而是选购豆饼后，自行加工成粉，如此便可有效地在保证豆饼粉质量的前提下，最大限度地降低豆饼粉的氧化，以确保其质量。当然，如有质量保障的前提下，直接购回豆饼粉后，减少了加工增加的生产成本，使用也会更加方便。

51. 棉籽饼辅料的特点是什么？

棉仁粕蛋白质含量较高，一般为 35％左右，仅次于豆饼，但榨油后的棉籽饼，粗蛋白质含量 22％左右，约为豆饼的一半，因此，生产中使用棉籽饼替代豆饼时，应按配方予以倍量使用。

52. 如何选购棉籽饼？

市场上的棉籽饼，主要有两种：第一种是纯棉仁榨油后的剩余物，也是最原始的棉饼；第二种是带壳棉籽饼，这是一种近年才出现的加工方法：无需脱壳，直接榨油，出油率有所降低，但棉饼的数量增加了，企业的利润不降反升。但是，后者的棉饼质量有较大的下降，用于食用菌栽培时，我们一般按照较配方增加 20％用量的办法予以解决。

53. 尿素辅料的特点是什么？

尿素，是由碳、氮、氧和氢组成的有机化合物，白色圆粒，是一种高氮素化学肥料，氮含量约 46％～46.7％，不易挥发，可长期存放，高温受潮后会结块，部分氮素挥发。

要点：尿素遇水即化，遇热后极易变成氨气挥发掉，因此，拌料时不要一次性加入太多，尤其需要发酵时，应在翻堆时分次加入，以减少流失。

54. 复合肥辅料的特点是什么？

本书所指复合肥，一种是含有氮磷钾三大元素、经过化学反应后形成的圆粒状的化学肥料；另一种是将氮磷钾等单元素或二元素化肥与其它肥料品种采取物理混合法生产出来的化学肥料，如将尿素和磷酸一铵简单混合后的所谓"复合肥"，其实这是复混肥；复合（混）肥的主要特点是浓度高（营养元素含量高）、颗粒硬度高、释放慢、肥效长等。据说，时下的新技术产出的新型复合肥养分含量可达60％以上。

55. 如何选购复合肥？

生产中一般选购氮、磷、钾三元素含量各为15％～20％的产品，这里请注意一个问题：我们在日常回复咨询时一直强调要"采购品牌货"，要大企业的、老牌子，并且应选信誉好的经营者等，其中一个缘由是：我们下乡进行科技服务时，曾见到过"农家院复合肥生产"的原料和包装及其生产过程。自己仿制当地畅销的大品牌印刷包装袋，夜间十几名工人分别把若干的袋装原料倒入搅拌机，仅需2～3分钟拌匀，即由传送带送往"包装罐"，计量包装后封口——新型复合肥商品由此诞生了；天亮前将商品全部运走，清扫院内卫生，洒落的原料等当做垃圾扫进羊圈。我们曾收集过该种"垃圾"，除了溶于水中的灰色和红色外，其余均不融化，经本地村民仔细辨认：疑似本地产出的"风化砂"，令人一身冷汗。

56. 过磷酸钙辅料的特点是什么？

过磷酸钙，即普通过磷酸钙，简称普钙，是世界上最早工业化的化肥品种，目前也是我国主要的低浓度磷肥产品。有效磷（P_2O_5）含量为12％～20％，一般多为12％～14％，由于含有少量游离酸，故呈微酸性。

由于普通过磷酸钙的品位低，单位有效成分的售价偏高（每个有效含量的价格高），化肥工业又出现一些高浓度磷肥，如重过磷酸钙，有效磷含量高达30％～45％，为普通过磷酸钙的2～3倍，甚至更高，所以，近年来国内少见该类过磷酸钙产品了。

57. 如何选购过磷酸钙？

选购过磷酸钙没有诀窍，只要是大品牌产品，含量在12％～

14％均可；可以打开包装闻一下，具有较明显的酸味。多年来，市场上比较少见该种产品了，经咨询相关人士得知：经过多年的大量施肥，尤其土地承包责任制以来，当时的农民很舍得给土地增加营养，所以，几十年下来，土壤当中的磷元素得到大幅度提高，也就是说，近年的土壤中，已经摆脱了 20 世纪 80 年代土壤严重缺磷的状况，因此，使用单纯的磷肥就没有了过去那种直观的效果了，既然市场不畅，企业自然也就少有产出了，现多用复合肥替代了。

58. 什么是基料营养平衡？

食用菌的菌丝和子实体生长，均需要大量营养物质做基础。但是，长期以来，不少菇民朋友的咨询中，多重视碳氮比例，而很少涉及基料营养的全面和均衡，实际上，不少的供种者甚至部分技术人员，也对基料营养平衡很是茫然，在解答一线菇民的询问和指导生产时缺失营养平衡的概念，这就使得我们的生产进入了一个很大的、很无奈的知识和认识误区。

所谓营养平衡，就是根据食用菌菌丝及子实体生长所需要的营养元素和数量水平，配给合适的营养物质，包括大量元素、中量元素以及微量元素等，以供给食用菌生长期间所需的全面营养，而绝非仅仅是单项元素或某几种元素。

营养平衡的根据，就是营养学中的"木桶理论"。

59. 三维精素（食用菌三维营养精素）辅料的特点是什么？

自 20 世纪 90 年代以来，大多菇民的平菇栽培产量徘徊不前，栽培管理 3～5 个月时间，总生物学效率一直在 100％左右，甚者低于 80％，效益很低。我们的研究发现，栽培基料的营养不足或者营养组分严重失衡是低产重要原因之一。因此，我们根据"木桶理论"研制出了该三维精素。2002 年以来的大量中试证明：一般增产率在 30％以上，得到了广大菇民的认可和欢迎。主要特点有如下几点：

（1）营养成分含量高　每 120 克（1 袋）拌干料 250 千克，即可满足菌丝对中微量元素的营养需求。

（2）可以配合喷施　每袋对 15 千克水，直喷子实体，即可得到片大、肉厚、产高的结果。低温季节可使用 25℃ 以上的温水进行溶化。

（3）调配基料营养　可使基料营养得到最大限度的全面和均衡。

注意事项：鸡腿菇只能按配方使用拌料型三维精素进行拌料，由于子实体不可直接喷水，故不可使用喷施型的三维精素。

60. 石灰粉辅料的特点是什么？

将主要成分为碳酸钙的天然岩石，在高于 1000℃ 的温度下煅烧，排除分解出二氧化碳后，所得的以氧化钙（CaO）为主要成分的产品即为石灰，又称生石灰，也叫石灰块。

生石灰呈白色块状，需加工成生石灰粉、石灰粉或石灰膏才能使用。

生石灰粉：由块状生石灰粉碎加工而得到的细粉，其主要成分是氧化钙（CaO）。

石灰粉：就是食用菌生产上常用的石灰粉，是块状生石灰加适量水，使之熟化（分解）而得到的粉末，这就是熟石灰了；其主要成分是氢氧化钙 $Ca(OH)_2$。

石灰膏（石灰乳）：是块状生石灰用约为生石灰体积 5 倍左右的水，熟化后排出渣类、悬液白浆进入大池子，多余的水下渗后，而得到的膏状物，也称石灰浆、石灰乳。其主要成分与石灰粉相同，也是氢氧化钙 $Ca(OH)_2$，只是含水率较高。

61. 如何选购石灰粉？

感官标准是：色白，含水率低，具呛鼻的刺激性气味。

水溶性检查：加入水中后，立即变为白色灰浆或悬浮液，将之用防虫网过滤后，几乎没有残渣——请注意，石灰粉中的残渣，就是煅烧不到位的或者根本没有经过煅烧的石灰石碎渣，掺入石灰粉中用以增重的。

62. 石膏粉辅料的特点是什么？

石膏，主要化学成分是硫酸钙（$CaSO_4$），生产工艺可分为直接煅烧和间接煅烧两种，一般建筑等应用多为直接煅烧，杂质稍多；用于食品的石膏则为间接煅烧，煅烧过程中介质对石膏的品质不产生负面影响。这是一种用途很广泛的材料。石膏粉用于拌料后，其中的部分钙质元素可被鸡腿菇菌丝利用，而添加石膏粉的主要作用是将之作为缓冲剂，以保持基料 pH 值的相对稳定，并对基料的降温发挥无可替代的有利作用。

63. 如何选购石膏粉？

石膏粉的选购，很多人走入误区，或者被导入误区，盲目选择价格较高的熟石膏粉，以为"点豆腐"的石膏才好；其实，就是建筑上用于抹墙皮的石膏粉就行，虽然杂质较多，但是，作用到位、价格低廉，就足够了。此外，市场上、广告中还有什么"食用菌专用石膏粉"等等，暂且不管社会上的传言或评论，我们没有进行接受该产品厂家委托，也没有对该产品进行过专项试验，所以，对于其质量和效果不敢妄加评判。

64. 轻质碳酸钙辅料的特点是什么？

轻质碳酸钙（$CaCO_3$），又称沉淀碳酸钙（简称 PCC），是将石灰石等原料煅烧生成石灰（主要成分为氧化钙）和二氧化碳，再加水消化生成石灰乳（主要成分为氢氧化钙），然后再通入二氧化碳碳化石灰乳生成碳酸钙沉淀，最后经脱水、干燥和粉碎而制得；或者先用碳酸钠和氯化钙进行复分解反应生成碳酸钙沉淀，然后经脱水、干燥和粉碎而制得；由于它的沉降体积比用机械方法生产的重质碳酸钙沉降体积大，因此被称为轻质碳酸钙。其典型特点就是颗粒微细、表面积大、表面较粗糙。

65. 如何选购轻质碳酸钙？

轻质碳酸钙的生产企业较少，并因该类产品市场不大并且价值不高，故而少有假冒伪劣，因此，基本可以放心采购。

66. 多菌灵药物的特点是什么？

多菌灵，为高效、低毒、内吸性抑（杀）菌剂，有内吸治疗和保护作用。对多种由真菌引起的病害有一定的防治效果。多菌灵的残效期较长，因此，不得对子实体喷雾；此外，多菌灵耐受高温的特点很是稳定，一般平常温度条件不可能使之高温失效，即使灭菌温度121℃左右也不会失效。

67. 如何选购多菌灵？

自20世纪80年代，在食用菌生产中，多菌灵一直作为杀菌抑菌剂被广泛使用，但多年来一直有菇民朋友反映：病害越来越重，商品多菌灵标注的浓度越来越高，由25％升到40％又到50％，但其作用好像越来越差了。对此，我们去到南方某农药厂家进行咨询，结果得知：商品多菌灵药物的浓度，多是某些厂商掺入了其它低价格原料后，并含糊的将之归于"有效含量"，其实这是一种具有作假嫌疑的做法。大量地掺入其它原料后，大幅度地降低多菌灵的含量，动辄"多菌灵有效含量40％、50％"等，导致"标注高、浓度低"，使用效果自然不会理想。对此，我们分别多点试验采用"多菌灵纯粉"，获得了较为理想的应用效果。因此，建议做环境消杀时，如不是生产有机食用菌，则可以使用多菌灵纯粉，以避免被达不到标注含量的多菌灵引发损失。

68. 鸡腿菇栽培需要添加什么速效营养？

鸡腿菇栽培基料中，菌丝生长所需要的两大元素，除了含有过剩的碳源外，还需补充适量的氮源，如麦麸、米糠外，加入的尿素、复合肥等均为速效氮源；但是，鸡腿菇菌丝要想在较短的时间内得到理想的长速和数量，必须有足够的速效营养——除氮素外，主要是中微量元素，如硫、锌、硼、锰、铁等等，该类营养元素，基料中所含甚低，有的甚至为零，因此，必须予以人为添加。

中微量元素，作为鸡腿菇生长不可或缺的必需营养，其使用数量，应当根据其菌丝生长的需要，也就是要根据"木桶理论"的要求进行添加。对于该问题，请读者参考生产配方以及本节 59 "三维精素"等相关内容，并请注意关于"木桶理论"的相关材料。

69. 如何选购中微量元素？

中微量元素，市面上的品种比较齐全，锌、硼、锰、铁、铜、钼等可谓品种繁多，选购时请注意其级别和含量：级别就是属于什么用途的，比如工业级、农业级、饲料级等；含量很简单，就是看其包装的标注，如 32％、98％等，如果是企业化生产，用量较大，则应取样送检，拿到权威的含量数字，然后才能准确的设计配方。

70. 如何使用中微量元素？

中微量元素的使用很简单，根据配方要求，将之准确计量后，粉碎成末状，用温水溶开后直接拌料就行。

要点：按规定浓度使用，不要盲目提高，否则将会引起营养中毒。

71. 含水率如何测定？

有以下四种基本方法：

第一，最常用的办法　拌料后，抓起一把基料，根据经验进行手攥法测试，一般手指缝间有水滴而不能滴下为度，在 60％左右。该法的差度很大，关键在于原料的质地以及测试人的手劲大小，一般轻体力劳动者可采用该法，长期不从事体力劳动的人，含水率即使达到 65％也不会有水滴，而如小型拖拉机手，他们经常需要摇车来发动机器，长期锻炼的结果就是手劲很大，即使 50％以下的含水率，他们也能攥出水滴。

第二，土法测定　将基料装入玻璃瓶或塑料盒，称重后晒干，晒干后再行称重，然后即可计算含水率。

第三，化验室测定　将基料装入标准铝盒或玻璃瓶，称重后放入烘干箱 105℃烘干，然后即可计算含水率。

第四，最先进的办法　水分测定仪，放入基料，一测即可。

72. 含水率如何计算？

基料的含水率，是指基料中加入的水分占基料总（湿）重的百分比，一般该水分不包括原料结合水。这是一个相对数字，与含水量的概念不同。比如，1 吨拌好的基料（湿重）中实际加水量为 600 千克，则其含水率为 60%。计算公式：

含水率% ＝ 基料样品湿重－样品（风干）干重/样品湿重×100%。

73. 含水率过高如何处理？

实际生产中，因为这样那样因素的影响，或者操作的一时失误，将基料的含水率搞的不合适，尤其使用秸秆粉时如粉碎的麦草稻草以及玉米芯等，有的甚至超过 75%，使得后期的发菌困难；那么，该类情况应该怎么处理？

基料含水率高：如果不是很高，可摊开料堆，使之自然蒸发，一般摊晾半天左右即可；如果含水率过高，最好按配方加入新料而不加水，重新进行机械拌料。

料袋含水率高：完成灭菌后，发现料袋的含水率过高，最好进行倒料，然后加入部分新料重新按配方拌料；如果不是很高，也可将料袋一端扎口稍松后并将料袋竖起，使之多余的水分自然控下去。

菌袋含水率高：熟料栽培时，接种后或者发菌一段时间后才发现菌袋的含水率高，可在菌丝尖端之后 1～2 厘米的距离打微孔，令水分自然散失——虽然效果较差，但还是有点作用的；发酵料的菌袋，可用直径 12～14 毫米的钢筋磨尖后对菌袋纵向打孔，打 3～4 个通透的孔后，将菌袋立起，多余的水分或向下流失，或向上散发，很快就会转变了。

74. 含水率过低如何处理？

有的基料或菌袋因为含水率过低，使得后期出菇无力，产量很低；含水率过低的解决办法相对简单。

基料含水率低：测一下 pH 值，如在 8 以上，可适量加入清水；pH 值低于 8 时，则应加入 2％石灰水，调含水率至 63％左右即可。

料袋含水率低：如果不是特别低，可先进行接种，待完成发菌后统一进行泡水处理。

菌袋含水率低：完成初步发菌后，即可将菌袋进行泡水处理，浸泡时间，根据塑袋规格、装入干料重量等，计算出应有的（含水率）菌袋重量，减掉该菌袋的重量后，其差就是缺少的水分。然后，就可以在浸泡过程中不断称重，直至确认达到适宜含水率时，取出菌袋进入菌丝后熟培养阶段；也可以菌丝后熟完成以后再予泡水，但是，气温达到 20℃以上尤其超过 25℃时，唯恐菌袋内发生菌丝自溶现象，所以，应予谨慎操作。

75. 何为基料的 pH 值？

理论上来说，pH 值等于氢离子浓度的负对数——所以氢离子浓度越高，pH 值越低；简单说，在食用菌生产中，基料的 pH 值，就是基料中的氢离子浓度的一种反映：pH 值以 7 为界，数字小时为酸性，反之为碱性；数字越大，其酸碱度越大。

食用菌生产中对于基料 pH 值的测定，多用广泛试纸进行，尽管不很准确，但是完全可以满足生产。

76. 如何保持基料合适的 pH 值？

播（接）种后，基料的 pH 值就会不断的发生变化，多是由高往低发展，除了基料自身的变化外，菌丝分泌出的生物酸是重要原因；此外，环境因素使基料受热以及自身产热等，也是重要因素，因此，基料的 pH 值就会不断下降，最后的结果就是问题多发、病害频生。

实际生产中，我们采取加入石膏粉的方法，使基料的 pH 值在相当一段时间内保持基本稳定，请读者朋友查阅本书，栽培配方中的石膏粉可谓是无处不在，无论生料还是发酵料，石膏粉是必不可少的物质之一。

77. 鸡腿菇栽培基料有几种处理方式？

（1）发酵料　按配方拌料后，进行常规发酵，完成发酵后再行装袋播种。

（2）熟料　按配方拌料后，根据原料、季节、栽培模式等具体条件，进行适当的发酵处理后再行装袋、灭菌、接种等操作。

78. 鸡腿菇不能进行生料栽培吗？

也不能说绝对不可以，只是按照人工栽培的基本规律来说，生料是不适应鸡腿菇商品生产的；即便是做熟料栽培，也是需要将基料进行发酵后再行装袋灭菌的，这就是鸡腿菇的生物学特性所决定的，而非人为的故意或者其它什么原因。

79. 熟料栽培的特点是什么？

熟料栽培的主要特点是：在操作技术有保障的前提下，污染率、病虫害等发生概率低、危害程度低、出菇朵形适中、商品率高、菇品口感较好，可以进行持续性生产，最大限度保证生产的成功率；但是，也存在诸如生产成本高、生产周期长、不适应爆发出菇以及不适合小规模生产，不适应国情。

一般正常情况下，熟料栽培就与栽培成功率高画等号，可以有效地控制栽培计划的实施，最大限度地保障生产效益，并可很好地保护栽培环境，由于符合可持续发展的方向，因此，这是目前为止设施化栽培或企业化生产的主要栽培方式。另外，熟料栽培的生产工序繁杂、活劳动量多、生产成本高、更容易被杂菌侵染以及发菌时间相对较长等，也是很重要的特点之一。

但是，任何事情有利就有弊，熟料栽培时，如控制不当，或环境差、消杀不力，或一旦操作不规范等，发生污染的概率更大，而一旦发生诸如链孢霉等杂菌污染，甚至会带来毁灭性的损失。也许该问题的发生，就是不少菇民朋友不愿做熟料栽培的主要原因。

80. 发酵料栽培的特点是什么？

发酵料栽培，最大特点就是原辅料在高达 50～70℃ 温度条件下达到半熟化后，较多的营养物质或改变了组成结构，或由大分子结构被转化为小分子，更易被食用菌菌丝吸收利用，并且，发酵过程产生的高温可以部分杀死料内的部分杂菌和害虫及虫卵，可以说是最大限度地囊括了生料和熟料栽培的优势。同时，其弊端也很突出，尤其在发酵过程中，原辅材料自身尤其一些速效性、水溶性的营养物质，随着基料产酸、产热、蒸发等渠道，大量流失，发酵温度越高、维持时间越长，料内营养物质的流失量也就越大，更是当下无法逾越的技术性障碍。但是，发酵料栽培可以适应各种秸秆原料的栽培，避免了棉籽壳原料货紧价俏给生产带来的尴尬，又可避免秸秆原料发菌过程极易烧菌等问题的发生。

81. 何为发酵时的高温翻堆？

这是 20 世纪 90 年代及其以前的关键技术之一：发酵过程中，发酵料堆 20 厘米下的温度达到 60（或 55）℃ 后维持 24 小时再行翻堆，此即为高温翻堆。高温翻堆可以杀死高温区内大量的杂菌及其孢子等，并产生大量高温放线菌，众所周知，产生高温放线菌的基料内，是不会有其它杂菌存在的；该种基料，播种后发菌速度较快，效果不错。

但是，料堆产生高温放线菌后，至少说明两个问题：第一，基料发酵进入高温阶段，高温放线菌可使该基料对其它杂菌形成免疫，也就是当时不会有其它常见杂菌对基料造成污染；第二，产生高温放线菌，需要大量的营养物质支撑，也就是说，高温放线菌夺走基料中较多的营养物质，会使下一步的出菇受到不可避免的影响。由于基料营养损失过多，该技术后来被逐渐淘汰。

82. 何为发酵时的低温翻堆？

低温翻堆的概念，是分析高温翻堆的弊端后研究出来的一种新的操作技术，实际生产中运用效果不错。

近年来，针对高温发酵料产生的诸如基料颗粒松软、营养损失较大、影响产菇量等问题，我们设计并试验了低温发酵，取得了理想的结果，基本概念是：料堆内的最高温度达到55℃左右、最低温度在40℃左右，即可进行翻堆，或者基料自建堆开始，平均气温高于10℃时每1～2天翻堆一次，低温阶段可以2～3天翻堆一次；40～55℃的温度区间内，一般杂菌孢子可以很顺利地萌发，经过翻堆后，萌芽的孢子便会因温度等条件的不适而自然死亡。

83. 何为发酵时的天天翻堆？

天天翻堆的发酵料处理技术，是对"低温翻堆"技术的总结和提升：鉴于低温翻堆不便于实际掌握和操作，针对三级种发酵灭菌二段式操作方式，研制出来的一种操作方法。基本操作是：基料建堆后每24小时翻堆一次；只是要在低温时节应予适当升温保温，比如温热水拌料、选择背风向阳处建堆、料堆上覆盖草苫等，既保障了基料经过高温处理和基料营养的有效转化，又避免了基料过热损失营养，一举双得。

该种发酵方法，既能达到发酵的目的，又能最大限度地减少基料的营养损失，而且，还省却了观察温度、计算时间等繁琐程序，具有简化生产操作、保障生产成功等多重优势，适合规模化生产采用，该方法后被逐渐用于鸡腿菇的基料处理中，并得到人们的广泛认可，值得推广。

84. 翻堆次数过少对基料有何影响？

翻堆次数过少，基料中的不同温度区域将在翻堆前一直保持其温度，危害尤其严重的是：高温区的基料营养和水分在大量流失，低温区的基料却在低温的同时，水分不断往底部集中，厌氧区的氧气含量大幅度持续降低，底部边料中的害虫快速孵化为幼虫，整个基料的发酵结果将是腐熟度不足、生熟不匀，并由此给生产带来不必要的损失。

85. 熟料栽培的注意要点是什么？

鸡腿菇的熟料栽培，适应于规模化的商品生产基地，其关键要点有以下几点：

（1）先发酵，再装袋灭菌。

（2）坚持规范操作，不要企图节省点什么药物呀、材料呀等。

（3）要有足够的发菌场所或空间。

86. 发酵料栽培的注意要点是什么？

发酵料栽培的注意要点，根据其问题的严重程度由高到低的排列顺序如下：

（1）规范发酵　发酵的操作，没有统一的数字规定，比如温度多高可以翻堆、水分多大需要加水、气温几何应该结束等，而是根据具体的温度条件、原料情况以及料温等具体情况灵活掌握；原则是：发酵均匀，达到发酵的目的。

（2）防治虫害　只要气温在10℃左右，就会有一些虫类钻入发酵料内"取暖"，尤其气温由高转低时，该种现象特别明显；前期可以任其猖狂，完成发酵前2天，按一定比例加入毒辛等药物即可予以全部杀灭。

（3）防治杂菌　杂菌是无处不在的，尤其原料内即有杂菌孢子大量存在，当发酵至一定温度范围，杂菌孢子就会自然萌发，并且，由于基料合适的含水条件和料堆的温度条件，外界的杂菌孢子落入料堆也会"落地生根"；发酵的目的，除了使基料的营养转换外，使杂菌孢子在合适的温度范围内萌发后，或者降温后发酵料播种、或者灭菌后熟料接种，萌发后的杂菌菌丝会因不适应新的条件而自然死亡或被杀灭。

87. 熟料栽培有什么利弊？

这是个很有意思的话题，很多的宣传也是"熟料如何如何好……"，误导一些人不顾具体情况或自身条件而走进死胡同。我们在答复咨询时会告诫一句"熟料栽培，必须要规范操作，否则，污染率会更高……"，所以，我们一再强调要根据实际情况，而不能强迫自己进入哪种模式。

按照一般规律来看，正常情况下，熟料栽培就相当于栽培成功率高，可以有效地控制栽培计划的实施，最大限度地保障生产效益，并可很好地保护栽培环境，由于符合可持续发展的方向，因此，这是目前为止设施化栽培或企业化生产的主要生产方式。另外，熟料栽培的生产工序繁杂、活劳动多、生产成本高、更容易被杂菌侵染以及发菌时间相对较长等，也是很重要的特点之一。

但是，任何事情有利就有弊，熟料栽培时，如控制不当，或环境差，或一旦操作不规范等，发生污染的概率更大，而一旦发生诸如链孢霉等杂菌污染，甚至会带来毁灭性的损失。也许该问题的发生，就是不少菇民朋友不愿做熟料栽培的主要原因。

88. 发酵料栽培有什么利弊？

既然熟料栽培有很多弊端，是不是发酵料栽培就是最好的选择了？答案也是否定的。

原则上来说，比较客观的结论应该是——各有利弊：熟料模式的弊端，发酵料模式中就可以比较容易的避免，但是，同时，熟料栽培的优势，也往往是发酵料栽培的短板；这里不说具体问题，只告诉读者一句话：任何事情都是一分为二的。

89. 如何选择基料的处理方式？

生料栽培方式的优势，首先是营养流失最小，其次是操作简单，无需任何处理，拌料后即可装袋播种；但是，菌种迟迟不能萌发和定植，而且，发菌时的菌丝纤细，发菌速度很低，需要的菌丝后熟时间也要长一些。

熟料栽培方式的营养流失较之生料栽培稍大，发菌成功率较高，是企业化生产的首选方式；但是，熟料栽培的用工量大、工艺程序多、生产成本高，并且，稍有操作不慎或者环境条件差等问题，发生污染的机会更多。

发酵料兼有上述各种优势和弊端，其中最为显著的当属菌丝发展速度较快，污染概率较低，但是，基料营养流失率最大，不适合规模化生产。

选择基料的处理方式，应该根据生产环境、生产规模、生产季节等具体条件确定，关键的条件之一就是自身技术条件，如无相应的技术把握，建议还是以发酵料栽培为宜。

90. 高温时段菇棚如何处理？

30℃及其以上高温条件下，我们建议，对菇棚的处理，在消杀彻底、操作合理的原则指导下，应采用如下措施：

首先，在清理菇棚的基础上，菇棚内灌水，随水冲入800倍辛硫磷或1000倍毒辛溶液，一般200平方米菇棚可用500毫升商品药物。

其次，待水沉下后，喷洒200～300倍赛百09溶液，根据上批栽培的病害情况决定药物浓度，地毯式喷洒，不留任何死角；一般200平方米菇棚可用200～400克药物（4～8袋），然后密封菇棚，卷起草苫，任其日晒1～2天，此谓高温闷棚；遇阴雨等天气时可适当延长时间至3天及以上。

第三，再喷洒一遍百病傻300～500倍液，一般200平方米菇棚可用120～240克药物（4～8袋），同样继续晒棚，可参考上述。

喷施最后一遍药物2天后，即可将播种后的菌袋移入进入发菌期。

91. 低温时段菇棚如何处理？

具体操作可参考本节90等相关内容，建议延长晒棚时间1～2天或更长。

92. 同一菇棚可以连续栽培吗？

我们可以负责地告诉大家：可以，即便是连续很多年也可以。

但是，农间流传着一种"同一菇棚里不能连续栽培"的说法，负面影响较大，甚至搞得有点人心惶惶。我们认为，该种说法不外乎三点：第一，应该属于那种"以个别当作普遍、以个体代表全部、以特殊当普遍"之类的不负责任地乱说，毫无科学根据；第二，他们搬出来的所谓事实，也只是错误操作前提下的生产结果，而不是必然现象，更不是唯一的结果；第三，具有炒种嫌疑——为了兜售自己所谓的"最新品种"，不惜散播该种谣言类的信息，误导或迫使菇民每年都要购买新的菌种。希冀本书读者保持科学的思维，不要相信该种说法，更不要跟风传播该类信息。

93. 连续栽培两年后出现什么不利现象？

同一品种或同一菌株，第一年栽培效果不错，第二年则有点不如意，甚至产量质量差别很大，这是一个现实问题，与本节92的相关内容似乎有点冲突？其实不然，本条主要做一下"连续栽培两年后出现的各种不利现象"原因说明。

原因一：传统方法进行菌种保存，未能进行脱毒处理，甚至连必要的复壮也没有做，剩余的菌种直接放入冰箱保存，次年拿出来进行无限制的转管。该种"老技术"导致的菌种生物学特性及其生产性状下降，似乎是司空见惯的了，这应该是主要原因之一。

原因二：栽培技术没有提高，而栽培环境却在日益恶化。无论什么品种还是菌株，均有个适应性和连续性问题，第一年引进后，一般规律是操作上有点严格，并因该地没有相关"蘑菇病"的病原菌，所以，得到了皆大欢喜的生产结果之后，放松了技术的学习和提高，放松了对环境及菇棚的消杀，加之传统方法生产的菌种特性下降，再加上有前边的（偶然性的）成功，思想上难免有某些想当然的成分，认为"种菇不过如此"，所以，第二年或第三年的栽培效果不好，也是情理之中的，这种主观上的问题，应为主要原因之二。

原因三，其它还有一些客观原因，比如栽培的季节里出现了意想不到的反常气候，如连续的阴雨、连续的大雾，或者偏低偏高的异常气温等，该类现象，也会使生产遭受不利；但该种情况，只是偶然发生，不是必然的结果，与连续栽培无关。

94. 鸡腿菇的周年化栽培是什么概念？

鸡腿菇，属于中温型品种，也没有平菇那样的如高温型、中广温型、中低温型等可以适应各种温度条件的菌株，因此，要实现周年化栽培，必须要有两大保障条件才能实现，即设施加设备条件、技术条件，才能实现春夏秋冬四季栽培，并且获得较理想的生产效果。

95. 鸡腿菇周年化栽培如何安排季节？

以山东地区为例（以基本保证生产条件为前提）。

春季（3～5 月）出菇：（去年）9 月 20 日开始制种，1 月 1 日发酵料播种，2 月上中旬覆土，5 月中下旬结束出菇，清棚，处理菇棚。

夏季（6～9 月）出菇：1 月 1 日开始制种，4 月 20 日发酵料播种，5 月中下旬覆土，9 月上中旬结束出菇，清棚，处理菇棚。

秋季（9～11 月）出菇：4 月 15 日开始制种，7 月上旬发酵料播种，8 月上中旬覆土，11 月中旬结束出菇，清棚，处理菇棚。

冬季（12～翌年 2 月）出菇：7 月 15 日开始制种，10 月 1 日发酵料播种，11 月上中旬覆土，翌年 2 月中下旬结束出菇，清棚，处理菇棚。

96. 周年化栽培的管理重点是什么？

春季管理重点：环境条件是加强菇棚的湿度管理，防止干热风导致"花脸菇"；温度由低到高，预防虫害很重要。

夏季管理重点：环境条件第一是降温；第二是通风。高温高湿环境条件下，防病防虫很重要。

秋季管理重点：秋高气爽的环境条件下，加强菇棚的湿度管理，并继续加强病虫害的防治。

冬季管理重点：首位的条件就是升温保温，其次就是通风，并应防止由保温引致的厌氧性病害。

第二节 菌种（菌株）问题

1. Cc168 的主要特性是什么？

大粒型菌株，性状泼辣，最适出菇温度 12～20℃，25℃以上仍可出菇，但商品性差，超过 30℃ 的出菇几乎没有商品价值；子实体个体大而均匀，最大个体超过 200 克，最大畸形（异形）子实体高达 350 克；主要特点是鳞片少，菌盖菌柄比例较好，原白色，适合制干或鲜销。

2. Cc833 的主要特性是什么？

中小粒型菌株，最适出菇温度 12～20℃，8℃ 左右的出菇，个体娇小，发生褐顶菇的概率较高；子实体纯白色，菌盖菌柄比例在 1∶1.3 左右，自然温度偏低时段的子实体特适合制罐，18～22℃ 的出菇，子实体呈黄金比例，个体均匀，商品性高，尤其适合加工或出口。

3. 农科 258 的主要特性是什么？

大粒型菌株，基本性状与 Cc168 相仿，最适出菇温度 12～20℃，子实体个体大，我们曾在 20 世纪 90 年代做畦栽直播，收获时，菌畦如一片"白色树林"，大多数都在 20 厘米以上，当时全部采取撕裂膜捆扎包装，十分喜人；主要特点是鳞片少，菌盖菌柄比例较好，较之 Cc168 的原白色稍暗，适合制干等加工，也可鲜销。

4. 农科 678 的主要特性是什么？

中小粒型菌株，基本性状与 Cc833 相仿，子实体纯白色，菌盖菌柄比例在 1∶1.3 左右，自然温度偏低时段的子实体，没有鳞片，甚至看不到鳞片的迹象，特别适合制罐，低温季节发生褐顶菇的概率较高；18～22℃ 的出菇，子实体呈黄金比例，秀气又苗条，个体均匀，商品性高，特别适合加工或出口，尤其做 VIP 蔬菜配菜时，采用该菌株最合适——口感和味道更好。

5. 长腿鸡腿菇的主要特性是什么？

长腿鸡腿菇，是我们在济南地区土洞栽培的鸡腿菇中，连续数年选育出来的一个菌株，其典型特点就是个体长度较之普通菌株大，特别适合于土洞的环境条件中生长，几乎没有鳞片的迹象，菌盖菌柄比例合适,商品性高,肉质更加细腻,尤其适合做 VIP 蔬菜配菜,或者超市鲜销。该菌株在夏季的土洞栽培产品,多销往北京等地大型超市,特受欢迎。

6. 大白鸡 2015 的主要特性是什么?

山东省寿光市的蔬菜全国知名,寿光市食用菌研究所(寿光所)的菌种亦是如此;2012 年寿光所选育出来的中大型菌株大白鸡 2015,特点是子实体纯白色,单生菇多,个体大,型美高产。

7. 鸡 2160 的主要特性是什么?

山东省寿光市食用菌研究所选育的菌株,纯白色,个体中大型、丛生,菇质好,产量高,外观洁净,无须刮皮,适合鲜销或 VIP 蔬菜专供。

8. 纯白 1089 的主要特性是什么?

寿光所 2011 年选育的菌株,纯白色,鳞片少,产量高,品质优,商品性高,适合鲜销或 VIP 蔬菜专供。

9. 特白 400 的主要特性是什么?

寿光所 2011 年选育的菌株,特点是个大色白,鳞片少,产量高,质优。

10. 特白 2238 的主要特性是什么?

寿光所 2011 年选育的菌株,特点是子实体特白,鳞片极少,产量高,抗病质优。

11. CC-180 的主要特性是什么?

寿光所选育的菌株,纯白色,菇体较大,抗杂强,型美高产。

12. CC-170 的主要特性是什么?

寿光所选育的菌株,纯白色,菇体中等美观,出菇均匀整齐,抗杂性好。

13. 鸡 2820 的主要特性是什么？

寿光所选育的菌株，洁白色，中等偏大，转潮快，出菇均匀，商品性优。

14. 美白 8009 的主要特性是什么？

寿光所选育的菌株，纯白色，菇体美观，出菇整齐，转潮快，质量特优。

15. 特白 39 的主要特性是什么？

广告菌株；特性是个大洁白，鳞片少，无需刮皮。

16. 特白 36 的主要特性是什么？

广告菌株；特性与 15 相同。

第三节　播种及发菌

1. 鸡腿菇低温栽培有何特点？

鸡腿菇的低温栽培，也就是冬季反季节出菇，其生产特点关键有四：第一，具备较好的设施条件和理想的温度调控设备；第二，掌握相应的反季节栽培技术；第三，按计划制备菌种或菌袋，并备足必须的覆土材料；第四，保温运输条件。

2. 鸡腿菇低温栽培什么时间段出菇？

根据各地的气候条件，选择合适的出菇时段。如以山东为例，一般应安排 12 月至翌年 2 月之间出菇——因为，该时段包含两个重大节日，市场基础好；该时段处于一年中的最寒冷时间内，尤其江北地区，一般未经温度调控管理的设施内基本不会出菇，物以稀为贵，货紧价扬的市场规律是无法抵抗的。

3. 鸡腿菇高温栽培有何特点？

鸡腿菇高温栽培，就是夏季的反季节栽培，该时段的出菇应具有的条件，与本节 1 的条件相同，不再赘述。

4. 鸡腿菇高温栽培什么时间段出菇？

鸡腿菇高温栽培，以山东为例，一般应安排 6 月至 8 月出菇，最迟应在 9 月中旬结束——如设施内安排周年栽培，则应在 8 月底前结束出菇。其市场条件与本节 2 基本相同，不再赘述。

5. 常规栽培中用错菌时会出现什么现象？

该问题多发生在初次入门槛的菇民朋友，还有搞过几年生产，但一直依赖购买二三级种进行栽培的菇民朋友的生产中，也时常发生。发生的主要原因有：一是不会做生产计划，看到别人出菇了，自己临时忙着购三级种、买塑料袋，有的甚至还有忙着建棚等，等到将要出菇时，合适的季节已经基本过去；二是不懂技术，明明即将错过季节，但是，供种者为了销售菌种而避开时间和季节问题不讲、不提醒，有忽悠菇民之嫌；三是自己忙乱中拿错菌种，从而导致该类问题的发生。

一般用错菌株后，会出现下述两种现象：

第一种是大粒型菌株错为小粒型菌株，导致无法落实经营计划，尤其签约销售时，更是损失多多。

第二种是将别的品种误以为是鸡腿菇菌种——这就是天大的错误了，实际调研中，该类问题屡见不鲜，甚至，有的科研机构也会出现该类问题，事后只是悄悄地经济补偿了事，无法弥补菇民的生产经营损失。

还有一种情况就是供种者将退化的或不明特性的菌种卖给菇民，该种情况也会给菇民带来严重的损失。

6. 菇棚内如何进行有效清理？

所谓有效清理，其基本要求是：第一，清理卫生。第二，根据栽培模式，整理地面。也就是说，一旦整理地面以后，直至栽培结束，棚内地面是不得再进行改变的。第三，进行规范的消杀，清除掉包括潜在的病虫害。

7. 如何防止播种时段进入害虫？

第一，环境消杀要到位，尤其注重清理环境，并进行"宁过勿轻"的彻底消杀。

第二，气温高于 13℃ 时，比如菇蚊菇蝇类最是讨厌，它们趋味而来，迅速落于基料上产卵，尤其发酵阶段更是如此，因此而产生潜在的虫害。所以，对该场所尤其是露天、敞棚下的播种操作，更应加以注意。一般处理方式为：先将料堆喷洒一遍 1000 倍高效氯氰菊酯溶液后，打开料堆、摊薄，使之降温的同时，再喷洒一遍氯氰菊酯，随即就可以进行装袋播种操作；期间应每 15 分钟左右喷洒一遍，直至完成装袋播种。

第三，如果发酵料内已有虫卵，一般可拌入 800 倍辛硫磷后闷堆 6 小时左右；数量偏大时，应采用磷化铝进行一次性彻底杀灭，不留后患。

上述工作均未到位的操作，播种后的菌袋内，只消一周时间，就会孵化出菇蚊菇蝇甚或家蝇的幼虫，咬食菌丝，损害生产。此时抓紧使用磷化铝进行熏杀，只要 4～6 小时即可，效果很是理想。

8. 菌袋预先打微孔如何操作？

现有几种扎微孔的方法，可供借鉴。

牙签人工打孔：小规模生产时，可使用牙签、小铁钉类对准菌种处，扎破塑料袋即可。

打孔棒人工打孔：中小型规模生产时，可使用一块类似过去的洗衣棒槌的木头，上面打一排钉子，钉穿后露出 0.5 厘米左右的钉尖，即为打孔棒，对准菌种处挥舞该棒，即可为菌袋打孔。

钉板打孔：中等规模生产的，可做一块钉板，规格根据塑料袋长度和扁宽，木板长度是塑料袋扁宽的 3.5 倍以上，木板宽度较塑料袋长度大 10 厘米左右即可；木板上根据菌种层数打钉子，钉穿后露出 0.3～0.5 厘米左右的钉尖，钉板≥45°斜向置于操作者右边，完成播种后，随手将菌袋放于木板的顶端，使之滚向低端即可完成打微孔。

塑料袋预先纵向打孔：大中型生产规模的，应采用机器打孔方式。过去曾经采用按照菌种的位置使用缝纫机空针横向打两排孔的办法，实践证明，该法不尽如人意；现可改为纵向打孔，不至于拉断塑料袋。

事后人工打孔：无需处理塑料袋，直接装料播种后，排入发菌场所静置 3 天，一则使菌种伤口愈合，二则菌种处已见菌丝萌动，更便于观察，3 天后再使用打孔棒或钉板进行打孔即可。

使用自然微孔塑料袋：近年有一种特殊材料制作的"微孔塑料袋"，按照其宣传解说，不要机械打微孔，仅用该种微孔塑料袋即可解决打微孔问题——并且，还可用于熟料生产，与传统塑料袋的用法相同，并且彻底解决了对袋内菌丝的增氧问题。我们获得的试验塑料袋数量过少，无法进行一个批次生料或发酵料正规的 $L_4(2)^2$ 的正交试验，自然的，熟料的试验也无法进行，仅做了几袋播种试验后，不能进行对比和鉴定，不能不说是一件憾事。希冀相关企业或个人做出该试验，并拿出试验报告公开发表，让所有类似的生产都能早日用上该种先进的"微孔塑料袋"，更好地推进我国的食用菌产业发展。

仿打孔机打孔：将香菇、木耳的打孔机略加改造，减少打孔深度，合适温度条件下，在播种后 7 天左右，将菌袋放入打孔机，即可扎破塑料膜，完成表面打孔。

所有上述打孔方法，均不适宜熟料栽培。

9. 菌袋延后打微孔如何操作？

完成播种并扎死袋口后，随即使用铁钉类对准菌种处进行打孔，该项操作，小批量生产时，可用手持铁钉单个操作；具有一定生产规模时，可自制打孔板——按照菌袋规格准备一块木板，在应打孔的位置钉上若干细铁钉，露出 0.5 厘米的钉尖，计划几层播种就打几排铁钉，完成播种并扎死袋口后，随即将菌袋放于打孔板一端，推向另一端的同时，即可完成打孔。

10. 打微孔后如何防止进入害虫？

菌袋打微孔后，如果发菌场所有菇蚊菇蝇类害虫，则会钻入菌袋产卵，继之孵化出幼虫，咬食菌丝；众所周知，害虫进入菌袋后很是麻烦，表面喷药根本无济于事，万一发生该种情况，彻底有效的办法只有一个：磷化铝杀灭。具体做法有如下几种。

第一种：菇棚投放磷化铝。按每立方米空间 4 片的用量投放磷化铝，密闭菇棚，6～10 小时后即可完全杀灭。该法操作简单，但是药物用量较大，成本较高，危险性最高，除非万不得已，否则，不予采用。

第二种：将地面泼水后，把菌袋使用塑料膜全部覆盖起来，塑料膜下投入磷化铝，按每立方米空间 3～4 片的用量即可。该法的实用性较强，但因与药物的距离较近，故应小心操作，谨防吸入毒气。

第三种，购买大棚膜筒料，将发生虫害的菌袋装入后，一头扎死，投入按每立方米空间 3 片的用量投入磷化铝，随即扎死口。该法最节约药物，但操作十分麻烦，适合小批量试验，不能进行规模化生产。

要点：操作要谨慎，注意人身安全。

11. 发酵料栽培选择何种播种方式？

装袋时直接播种，或按料种层比 5∶4，或按料种层比 4∶3，或按料种层比 3∶4 等均可。不必讲求一致。

12. 熟料栽培如何选择接种方式？

熟料栽培的播种方式有以下五种，可以根据菌袋规格等具体指标选择接种方式。

第一种是扁宽 18 厘米左右的菌袋：可以采取传统的两头接种方式。

第二种是扁宽 22 厘米的菌袋：可以采取两头接种的方式，只是发菌时间稍长；再就是辅助打孔接种——装袋时料袋中间纵向打1个孔，或接种时进行纵向打孔、接种后迅速扎口——前者是装袋机自动完成，后者是实心料袋、人工辅助打孔。

第三种，采取多点深入接种的方法：对大规格菌袋，将袋口解开后，用消毒后的扩口工具（最好用不锈钢材料，其它金属或木棒亦可）插入基料，深约6～10厘米即可，然后将菌种接入，每个袋口一面可以均匀插2～3个孔，这样，料袋中间部位无菌种区域的距离很短；一旦发菌，速度很快，菌丝即可在短时间内占据基料；也可将扩口工具分别沿塑袋内壁插入，抽出后迅速接入菌种，如此方法可加速菌袋表面菌丝的扩张，使之在短时间内完成表面（初步）发菌。

第四种，辅助工具的方法：时下有一种"接种棒"，使用方法是，装袋时将之置于料袋两端，接种时将之拔出，空闲处填入菌种；还有一种方法是，接种棒为镂空、空心、锥形体，无需拔出，直接接入菌种即可，待完成出菇后将之取出以备再次利用。

第五种，打孔接种法：参照香菇接种的办法，在料袋一面打孔5～8个，随即将菌种塞入封口，然后套袋，或者采用地膜覆盖法盖住。现在，多数规模化生产企业均在改用此法，效果很是理想。

13. 灭菌时的"时间距离"是何概念？

熟料栽培中料袋灭菌的"时间距离"，第一是指料袋装制与开始升温灭菌之间的时间；第二是指料袋进入灭菌室后加温至达到额定灭菌温度之间的时间。这是有机结合的两个不同阶段，应予分别进行说明。

具体生产中，一般要求前者在3个小时左右，不超过5小时；后者应在2小时左右，灭菌室内的温度应是直线上升的。如在低温季节，前者可以达到数日，后者也可适当延长，但以不超过3小时为佳。

14. 熟料生产特别强调时间距离的意义是什么？

第一个时间距离——开始装料袋与进入升温灭菌之间的时间：尤其在高温季节，气温以及基料自身的温度会有30℃左右，装袋后，料袋内的温度会很快升高，如果料袋接受直射光，袋内温度的上升速度会更快；一旦达到 36℃左右，各种微生物便会开始大量活动、繁殖，并产生大量有机酸，使基料的 pH 值很快下降，仅需数小时，基料便由酸化变为酸败；此后，即使灭菌合格、接种规范，但是，接入的菌种不会萌发，基料也不会发生污染，这就是基料酸败的最后表现。

第二个时间距离——料袋在灭菌室达到额定灭菌温度之间的时间：料袋进入灭菌室后开始加速升温，至达到额定灭菌温度之间尚有一段时间，该时间距离越短越好。这里有一个实例可以证明，我们居家蒸馒头时，为了让做好的生馒头继续发酵，总要将之放在温度稍高处继续待 1 个小时左右（气温高时可能仅需 10～30 分钟）再入锅蒸制，一旦入锅后，即开始大火烧锅，一旦因火力不足、蒸制时间延长，蒸出的馒头则不是原来的模样，甚至会呈扁平状，并且具有不应有的酸味，其实，这就是酸化；而酸败是在酸化基础上的进一步恶化，所以，接入的菌种不会萌发。

已经过去的很多年中，我们不少的学员以及业务联系户中，每年或多或少的都要发生基料酸败及其类似事故，虽然造成的损失不是很严重，但毕竟还是有一定的经济和精神损失。因此，借本书提醒广大读者，无论菌种生产，还是熟料栽培，一定要特别强调这个时间距离。

15. 熟料两头接种如何操作？

熟料两头接种，如同常规制作三级种的接种操作：无菌条件下，解开扎口，放入菌种块后迅速扎口即可。

注意要点：一般接种后的扎口，较之装料时的扎口应稍松一些，以使菌种有足够的氧气供给，菌丝快速萌发、定植并封口。

16. 熟料多点接种如何操作？

熟料多点接种，基本操作与两头接种甚同，唯一的区别就是：打开扎口前，用拇指用力挤压料袋端部的周边，使端部基质现出 2～4 道凹陷，深约 2 厘米，长度可达 7 厘米左右，接入菌种后可落入凹内，形成对基料的包围之势，一旦发菌，其速度远远超过传统的两头接种方法。

17. 熟料两头接种有什么利弊？

熟料两头接种的最大优势在于接受污染的机会较小，但是，发菌时间长，有的发菌后期会出现不同程度的污染。

18. 熟料多点接种有什么利弊？

熟料多点接种的优势是发菌速度快、完成发菌的时间短。但是，多点接种，可使料袋开口暴露的时间长，接受污染的机会大；如果在菌袋中间开接种孔，则或多或少的会对将来的出菇造成一定的负面影响，有的甚至会周身出菇，商品价值不高；并且，由于菌袋基料水分流失较多，所以，最终也将影响产菇量。

19. 接种棒接种有什么利弊？

最大的优势是操作简便，利于快速封口，避免长时间开放袋口，减少污染机会；但是，接种棒是一个新增加的生产成本，而且，装袋时的塞入，也是增加的人工成本，关键问题是接种棒的制作材料，据说有的是利用废旧塑料，该类材料经过灭菌及发菌等环节后，是否会产生有毒气体或元素滞留于子实体内，尚待研究；食品安全，万不可等闲视之，建议广大读者谨慎处之。

20. 打孔接种法有什么利弊？

打孔接种法的最大优势是利于集约化生产，可以进行规范化操作，并且，具有发菌快、污染率低等诸多优势；最大的弊端就是接种点出菇，十分讨厌，而且，目前尚无解决措施；此外，气温超过15℃以后，不要采取"地膜覆盖"，以免发热烧垛。

21. 高温时段的发菌应注意哪些环节？

高温时段的发菌，有以下几个关键点：

一个是气温高，菌袋易发热，甚至会发生烧菌现象。防范措施：将菌袋单个排放，并留有一定的间隔距离；具备条件的，应当配置水温空调器实施连续降温，使棚温保持在 23～26℃ 范围，品温保持在 30℃以下。

另一个是杂菌基数高，应特别注意防范。我们的做法是：每隔 3 天左右，对棚内喷施 200～300 倍的赛百 09 溶液和 300～500 倍的百病傻溶液，并且采取交替用药措施，以防病原菌产生耐药性。

第三个就是害虫多而危害严重。一般可 5～7 天喷洒一次 1000 倍氯氰菊酯溶液，并注意观察，一旦有害虫入棚，即应予以彻底消灭。如果自行配制高效驱虫灵，则对菇蚊菇蝇类害虫的驱避效果很好，而且不会有任何残留，可在生产有机食用菌时使用。

22. 低温时段的发菌应注意哪些环节？

很多菇民习惯于低温季节进行发菌，如在 11 月份进行菌袋制作，该时段的气温较低，其实不利于发菌培养，但是，不少人看中的就是该季节的杂菌少、虫害少，还有一个重要因素，就是该季节发菌的菌袋，是为迎接春节市场而制作的。尽管有诸如病虫基数低、管理简单等不少的优势，但是，也应特别注意以下三点：

（1）升温、保温问题　低温季节菇棚发菌期的温度，是第一位的问题，可通过揭掉草苫晒棚、棚内顶部拉设遮阳网的办法；阴雨天气加煤炉升温；目下最安全的莫过于水温空调，自动控制温度，效果令人满意。

（2）通风透气问题　由于升温保温的需要，一般发菌期的菇棚多疏于通风透气，这是一个带有普遍性的问题，导致的棚内空气状况不佳甚至污浊，影响菌丝生长。但是，该问题与升温保温是矛盾关系，因此，我们一直建议上午 10 时后至下午 2 时前进行通风，也就是选择一天中气温最高的时段进行通风换气，不至于对菇棚内的温度发生太大的影响。如果使用控温设备如水温空调，可以进行外循环控温，则不存在单独通风的问题了。

（3）品温过高或烧菌问题　如果因为保温而将菌袋码成大垛或予以覆盖保温，将会有品温过高或烧菌等问题发生。多年来各地屡屡发生该类问题，令菇民措手不及，尽管平均数字不是很大，但是，发生在一个人身上，那就是 100％的损失，那就意味着全年的副业收入和投资全部泡汤，那就意味着需要好几年才能经济翻身，教训很是惨痛。

23. 低温时段发菌为何频频发生烧菌？

菌袋烧菌，按说应是高温季节的问题，可是，多年来连续发生的低温时段烧菌，让不少人匪夷所思。据调研，低温时段的发菌，一般认为是棚温低，有的菌袋甚至发生冻结，于是，就想法使之升温保温，我们在河北、河南以及山东的寿光、烟台以及聊城等很多地方看到，11～12月份的发菌，菇民朋友们将菌袋码上10层左右，密密集集的数十平方面积内形成一个菌袋高台，上面覆盖保温被、塑膜以及草苫等；殊不知，在如此的"保温呵护"下，袋内菌丝一旦萌动后，生长速度很快，于是，大量的生物热量在"堆"内形成集聚偏高温度，加之覆盖物使之不能散发，最终导致烧菌。山东烟台某菇民诉说：结冰的时候还会烧菌，真让人想不通。而高温季节为了散热，将菌袋分散排列并留有间隔，除非特殊情况，否则，发生烧菌的情况反倒更少一些。这也许就是一种辩证关系吧，希冀引起广大读者和菇民朋友的注意。

24. 何为完成基本发菌？

菌袋完成初步发菌后，因温度的不同而呈现不同的菌丝状态，菌丝的疏密程度也有所不同，甚至会有较大的区别；当菌袋表面布满菌丝，菌丝偏稀疏的菌袋会有一个"菌丝返回再次生长"的现象，等完成该阶段后，菌袋表面的菌丝不再有稀疏现象，此时，意味着菌袋内的基料之间也已经布满菌丝，该阶段叫做完成基本发菌——菌丝基本达到生理成熟，已经具备结菇能力。

25. 完成基本发菌后为何还要后熟发菌？

主要有以下两个原因：

第一，菌袋内的生物量尚未达到最大。没有分解出足够的营养物质，就无法保障多出菇、出好菇。

第二，菌丝尚未达到生理成熟。任由或迫使尚未达到生理成熟的菌丝早出菇，如同强迫少年人从事成年人的体力劳动，即使勉强去干，也只是权宜之计，既不会长久，也无法达到完成工作量的目的，而且，还有抑制其身体增长、破坏其生长规律甚至使之过早衰老等风险，有百害而无一利。

多年的中试结果表明：按照菌丝后熟技术进行管理，是保障出菇产量和集中出菇管理的最佳选择。

26. 菌丝后熟培养是什么概念？

鸡腿菇生产中的菌丝后熟培养，是借鉴真姬菇和白灵菇的菌丝后熟培养而来，基本概念是：将完成基本发菌的菌袋，创造低温、无光等条件，一定时间内，使菌袋内部继续处于发菌期，最大限度地分解和吸收基料营养、增加其生物量，为爆发出菇奠定物质条件。

需要特别说明的是，即使不具备低温条件，只要时间足够，鸡腿菇菌袋也可以完成菌丝后熟培养，究其原因就是：鸡腿菇的生物特性之一就是"不覆土不出菇"，所以，完成初步发菌的菌袋，除防治病虫害以外不必进行额外的管理，只要继续保持不动，合适的温度条件下经约 20 天即可自动完成菌丝后熟培养。当然，如果有可控的低温条件，经过低温后熟的菌丝经过低温刺激后，出菇将会更加理想。

27. 菌丝后熟培养如何操作？

菌丝后熟培养的操作很简单，第一是避光：除进入菇棚检查等操作外，不得有任何光照进入；第二是低温：这是一个重要条件，常规条件下，可以采取地面浇水、棚顶喷水等措施进行降温，高温时段可安装水温空调或冷冻机组，最好是将完成基本发菌的菌袋移入冷库进行后熟培养，一般 15 天左右即可达到目的。

28. 如何掌握后熟培养的温度条件？

与平菇等品种不同，鸡腿菇在覆土以前是不会自行出菇的，因此，自 0℃ 至 35℃，菌袋均可在该范围内完成菌丝后熟培养，但是，随着温度的升高，菌袋内的温度亦同步升高，即有"经过高温"的可能，所以，还是以偏低为佳。

29. 进行菌丝后熟培养的难点在哪里？

进行菌丝后熟培养的关键点是培养温度，所以，技术难点也就在这里——尽管鸡腿菇不会自动出菇，但是，偏低的温度条件可以使其更好地后熟，而不会发生菌丝高温等问题。

30. 生物量是个什么概念？

生物量，即菌丝数量，本节内容说的就是菌袋内的鸡腿菇菌丝数量。

一定范围内，基料营养决定着鸡腿菇的生物量，而生物量则决定着出菇数量。

31. 生物量是否越大越好？

既然一定程度上生物量决定了出菇数量，那么，是不是生物量越大越好？答复是否定的，因为：任何事情都要有个"度"，不足或超过都将偏离其原理，并且远离了设计的目的。一般来说，生物量的高低主要取决于以下因素：

第一，营养问题。平菇菌袋内的生物量，其大小基本取决于基料营养及其组分状况，如果基料营养不足或严重偏素，则会使得生物量一直无法达到最大化或过大甚至超大，比如过高的氮元素，将会令菌袋表面生出茂密的气生菌丝，倒伏后即结出一层厚厚的菌皮组织，不但浪费其它营养元素，而且会严重影响出菇时间。

第二，时间概念。生物量必须在一定的时间范围内达到最大，才能保证出菇的理想化，过多的超出时间，就无法保障生产计划的落实。

第三，计算问题。生物量的计算，以基料重量为基础，如因一味增加生物量，或延长发菌时间，或过多增加菌袋通气，则会导致基料自身营养物质的异向转化或无端损耗，此时，即使不增加菌丝数量，而因为单纯的基料重量降低，生物量也会有所增长。所以说，任何事都要有个度。

32. 一次性爆发出菇是什么概念？

所谓一次性爆发出菇技术，是指通过采用菌种脱毒、营养调配、菌丝后熟等技术相配套，在其头潮菇出菇时，即予以一次性高产出菇，并使出菇效果达到传统管理3～5潮的水平，该技术首先在平菇生产中经实验性应用，效果很好，可以推广使用。

遗憾的是，该技术于2005年获得国家科技报系统一等奖，咨询者众多，但时至今日，技术的推广面积尚不理想，尚有部分应用者因操作不到位而无法达到预期目的。据分析，基本原因就是"营养调配"和"菌丝后熟"两大基础性因素不能到位。

33. 爆发出菇是什么技术原理？

原理很简单：使无病毒病菌的菌种，生长在营养全面、均衡的基料中，菌丝再经过低温后熟培养，积蓄一定的生物量后，使菌丝达到生理成熟，即可为一次性爆发出菇奠定丰厚的物质条件。

34. 为何要研究一次性爆发出菇技术？

研究的背景是：食用菌生产中的病虫害日趋严重，栽培环境日渐恶化，出菇产品逐渐下降，而与之相反的是：原材辅料逐年涨价，人工成本大幅上升，生产成本大幅增加，生产效益不断下滑……。针对该种状况，我们确定从缩短生产周期、加速设施周转、（相同时间内）增加生产批次等方面入手，以稳定产量、提高效益为目标，首先试验成功的是"平菇无病害生产技术"，继之"平菇仿工厂化生产技术"试验成功，至2005年，"平菇一次性爆发出菇技术"的推出，标志着我们的该项技术研究成功，其效果是第一潮菇即可达到或超过100%的生物学效率。

35. 一次性爆发出菇的技术要点是什么？

爆发出菇技术要点有四个：脱毒菌种、营养调配、病虫防治、菌丝后熟。关键技术有二：第一个就是"营养调配"；第二个就是菌丝后熟培养。其它条件无论怎么合适，没有经过菌丝后熟培养的菌袋，是不可能达到一次性爆发出菇的技术效果的。

36. 为何难以达到爆发出菇的目标？

请仔细分析本节 35 之四个要素；在多年的咨询和调研中，我们发现其原因主要是：

第一个，沿用传统技术，没有调配基料营养。或者是意识问题，或者是经济问题，没有进行合理的配方，使得基料营养残缺不全，菌丝处于饥饿状态，物质条件的匮乏，是不会有爆发的力量的。

第二个，没有相应的设施条件，菌丝没有经过后熟培养。由于自然条件下的温度和鲜菇销售时段的影响，自己没有合适的低温处理设施，生物量严重不足，不具备爆发出菇之能量。

37. 爆发出菇的关键要素是什么？

详见本节 33、34、35、36 等相关内容，不再赘述。

38. 鸡腿菇可否实现一次性爆发出菇？

按照一次性爆发出菇的技术进行管理，完全可以达到与常规生产不同的具有爆发效果的出菇，20 世纪的 90 年代，我们曾在下乡指导大面积生产时，采取畦式直播、播后覆土、低温发菌、自然出菇的生产模式，在普通菇棚中 11 月份播种，使用的麦草与棉秆粉混合原料，按照营养配料基数调配的基料，发酵 12 天后按照料种层比 2∶3 比例铺料播种，播种率 20%；播种后直接覆土 3 厘米，上覆塑膜，周边均用土压住；经过长达 160 天的发菌和后熟期，翌年 4 月中旬呈现的爆发性出菇效果令人惊叹：采收的鸡腿菇长度多在 20 厘米以上，无需装袋，撕裂膜直接捆扎即可，生物学效率一次性高达 100% 以上。该试验虽不能直接用于生产，但是，至少可以说明：鸡腿菇只要经过足够的发菌和菌丝后熟培养，也是完全可以达到爆发出菇效果的。

39. 爆发出菇有何技术优势？

爆发出菇具有的四大技术优势，是被广大业者的生产一再证明了的：

（1）生产周期缩短　传统技术的生产，每批投料约需大约半年时间才能结束；爆发出菇管理模式的生产，仅需 2～3 个月左右即可结束（上述均不包括菌种制作和菌棒制作）。

（2）生物效率稳定　传统生产采收三四潮菇，或者直至结束生产，总生物学效率仅为 100%，低于 80% 的生产比比皆是；采用该技术的生产，一般第一潮菇即可达到或超过 100%，高者可超过 140%。

（3）加速设施周转　按技术设计，60～80 天可结束一批投料，即使按 90 天一批，每年可投入四批栽培，较之传统生产增加三批，菇棚等设施的利用率增加 300%，何不乐而为之？

（4）提高效益　即使按每年投入四批栽培计算，生产效益可增加 2～3 倍。

40. 爆发出菇有何弊端？

两大弊端，请有生产经验的菇民仔细揣摩，并力争破解：

第一，计划问题。按四批栽培来看，每批的生产均有重叠，如本批的三级种开始发菌后，下一批次投料的一级种必须进入制作；本批的出菇袋播种后，下一批次投料的二级种即将完成发菌等。如发生计划不周，或者培养室不足，或人手不够等问题，生产将会落空。

第二，市场问题。我们曾经考察国内数个大中城市的蔬菜市场、大型超市等，发现：鸡腿菇并非大宗食用菌品种，并因价格偏高而销量受限，因此，不宜大批量一次性上市。当然，如果展开销售攻势后，采取定点销售的策略则是另一回事。此外，也可以按计划供应相关单位做职工福利，有些发达城市进行 VIP 蔬菜配送，也不失为一种上乘的销售方法，该类方法需要的产品相对集中，符合爆发性出菇的技术模式。

41. 常年进行爆发出菇的条件是什么？

关键条件有三：第一，周密的生产和销售计划；第二，配套的发菌和出菇设施（及设备）；第三，相对成熟的生产技术。上述三大条件，缺一不可。

42. 常规栽培进行爆发出菇如何选择季节？

以山东地区为例，要在常温条件下进行爆发性出菇，必须在1月份将菌袋入畦覆土，经60天左右的土层内发菌和后熟培养，3月中旬前后即可自然出菇；或者7月份前将菌袋入畦覆土，9月份出菇——上述的入畦时间还可提前，目的是延长土层内的发菌时间。此外，再无有利的出菇季节或时段。

43. 爆发出菇一定要添加三维精素吗？

一定要添加。因为，三维精素，实际上就是中微量元素的集中和科学组方，而这些恰恰是基料中所缺乏的元素，虽然，缺少中微量元素时鸡腿菇菌丝也可以生长，但是，生物量小、产菇量少、病害日渐严重、菇品品质低下等一系列问题，已经给我们敲响了"微量元素缺乏症"的警钟，因此，正常生产时需要添加，要达到爆发出菇则必须添加三维精素。

44. 菌袋置于低温环境不怕冻吗？

自然条件下需要进行菌丝后熟培养的菌袋，有时置于0℃及其以下的环境中；几乎每年都有朋友来电咨询：我家的大棚因雨雪塌了，菌袋暴露于－5℃及其以下，菌袋冻的硬邦邦的，怎么办？菌袋或菌丝不怕冻坏吗？

答案是肯定的——即使低于－20℃，菌袋也不会因冻而不出菇；即使覆土后的气温低于－30℃，化冻后不但可以出菇，而且还会达到爆发出菇的效果。

45. 鸡腿菇菌丝可以耐受多低的温度？

目前所知：菌袋在－20℃及其以下暴露，菌棒覆土后，气温在－30℃及其以下，均不会对鸡腿菇菌丝发生不利影响。至于其菌丝最大耐受低温的限度，限于条件，我们尚未进行相关试验。

46. 冰冻的菌袋如何解冻处理？

自然条件下，冻的邦邦硬的菌袋，不需要任何人为的处理，至春季即可显示"爆发出菇"的效果，令人惊奇；但是，如平菇、香菇等菌棒，在人工－10℃条件下冷冻后的菌袋，直接取出排到菇棚里，20℃左右条件下，却出菇极少，甚至不出菇，这是菌丝细胞组织破裂的问题。那么，该怎么进行解冻处理才行？

冷冻后取出的菌袋，应进入一个逐渐升温的过程，基本可以按照每小时 0.2～0.5℃ 的幅度进行升温，并注意吹风进行循环，如同被冻坏的人体需要用冰雪揉搓身体，而不能使用热水为之暖身体的道理一样，使细胞逐渐复活，直至恢复正常的活力后，才可以进行下一步的生产操作。

第四节　发菌管理

1. 发菌培养室如何整理？

发菌培养室的整理，主要根据应是设施条件、生产规模以及其它条件，没有统一的标准和硬性规定。我们根据多年的研发经验和实际生产需要，给读者提出以下建议，供大家参考：

第一点，应有必要的控温设备，以便调控室内温度，确保发菌的如期完成。

第二点，应有必要的通风措施，以免因二氧化碳浓度过高而影响发菌。

第三点，应有必要的避光措施，以免因光线过强影响菌丝的正常发育。

第四点，应有必要的培养架等类设施，以最大限度地利用培养室空间。

上述四点，是必要的条件，尤其企业化生产或者周年化栽培时，该类条件只能加强，必要时，尚应安装相应的监控和自动设备，以使尽量利用现代手段进行更加科学的管理。

2. 发菌培养室内如何清理？

发菌培养室内的清理，应根据"规范、卫生、方便、有序"的原则进行。

规范、卫生：按照菌丝培养的条件进行清理，室内无尘、无虫。

方便、有序：比如各种设备设施的布局、通风、灯光以及水电开关的安排等均应遵整齐有序、方便操作的原则。

室内的墙体及地面的清理，均应使用水湿工具，不得有扬尘状况发生。

3. 发菌期内如何预防杂菌污染？

可参考本书相关内容，不再赘述。

4. 菌袋如何进行检查剔杂？

可按如下步骤进行：

第一步，播种 3 天后，即可进行第一次检查；高温季节，轻轻翻转菌袋 180 度，即可看出发菌及污染情况；低温时节，播种 7 天后进行第一次检查即可。

第二步，根据上述温度状况，每 3～7 天检查一次。

第三步，发现杂菌污染后可采取如下措施：

——熟料栽培的菌袋，发现橘红色污染，立即采用塑料袋自上往下单个套住菌袋，慢慢将之移出菇棚；数量很少的，直接将之投入锅炉烧掉，污染较多时，可采取埋土的方法，维持 10 天以上，使之暂时失活，然后进行倒袋，按干料重的 2‰撒施石灰粉，快速晒干，此后仍可用于熟料栽培。菇棚内地毯式喷洒 200 倍百病傻溶液，连续两遍，并加强通风管理，此后应加大检查频率。

——发现诸如黑、黄、绿、灰等与平菇菌丝色泽不符的菌丝、斑点、斑块，均需将菌袋移出棚外：对于斑点、斑块，可注射 200 倍赛百 09 溶液；对于连片的污染，可将塑膜切开予以药物浸洗；然后将之单独发菌；一般情况下，均可继续发菌。菇棚内喷洒 200

倍赛百 09 溶液，常规预防即可。

——发现棚内有异味、臭味，多是细菌污染，仔细检查，将污染菌袋剔出，常规预防性用药即可。具体参考本书相关内容。

5. 如何防治链孢霉？

链孢霉的长速极快，而且污染以及后续污染较重，一旦处理不当，原培养室及其周围很可能成为新的污染源，形成连续污染；并且，对该霉菌，目前尚无药物可以进行有效杀灭，所以，成为污染源中最为严重的霉菌之一。基本防治措施，除对环境进行有效消杀外，进行下述处理是行之有效的办法：

第一，菌袋培养期间，每 3～7 天喷洒一次防杂药物很有必要；具体药物浓度可根据季节、环境状况等确定，一般百病傻不低于500 倍，赛百 09 不低于 300 倍。

第二，严格检查剔杂过程。接种后的菌袋在 3 天后即可例行检查，并严格剔杂操作，发现有链孢霉污染迹象时，即应剔出菌袋单独处理。

第三，发现袋口长出橘红色链孢霉孢子团时，不可随便移动，可采取两种方法：一是使用方便塑料袋之类，自上而下轻轻套住污染菌袋，慢慢移出培养室，不可使气流移动很大；二是将废布类浸透废柴油、废机油之类，将污染袋轻轻包住，之后再移出培养室予以处理，不可在培养室中进行处理。

第四，移出菇棚外的污染袋，可采取两种处理办法：一是焚烧；二是深埋，不使其暴露空间。

第五，注意事项：

——预防性用药应视温度等条件确定间隔喷药时间，不要机械的规定几天喷一次。

——一旦发生链孢霉孢子团后，千万不要对其直接喷药，因为其孢子将会借助喷雾气流四处散发，而形成扩散性污染，一旦扩散、蔓延，后果不堪设想。

——发生链孢霉污染的培养室，不能使用扫帚扫地，清理卫生时宜用带水拖布进行擦洗，最好能单独配兑 300 倍百病傻溶液进行擦洗，以强化杀菌效果。

该杂菌只对熟料栽培发生危害，而不会侵染发酵料。

6. 如何防治木霉菌？

尽管木霉不如链孢霉扩散和蔓延速度快，但由于生产条件的一致，往往导致成批污染，甚至可造成毁灭性的污染；对木霉污染菌袋的处理应本着早发现早处理、能治则治的原则。

第一，对小斑点性、斑块性污染，可采取注射 200 倍赛百 09 溶液药物予以杀灭的办法，只要杀死霉菌，虽然药物侵染部分基料不能继续完成发菌，但其余基料仍可继续出菇，尚可挽回大部分损失。

第二，对大斑块性污染，也可注射药物，但需加大用药量。

第三，对成片性初发污染，可采取药物浸洗方式，即将菌袋褪去塑料膜后置于 200 倍赛百 09 药液中浸过，根据污染程度确定浓度及浸泡时间，一般以 0.5～1 分钟为宜，然后单置发菌。

第四，对发现偏晚、污染严重的菌袋，使用药物已无济于事时，可作为废料处理。

第五，注意事项：

——无论污染程度如何，一定要剔出培养室单独处理，不可同室操作。

——注射药物应根据发生污染的时间及程度确定浓度及用药量，如其菌丝深入料内 1 厘米以上，必须相应提高浓度并加大用药数量。

——药物泡袋，发生严重时可适当增加浸泡时间或提高药物浓度。

——低温季节如气温低于 4℃以下，可将药物处理后的菌袋置于棚外单独发菌，一般该温度条件下，木霉不再发展，并由于药物的作用，使之慢慢失去活性，待气温回升或置于棚内时，食用菌菌丝仍可继续生长。

该霉菌的侵染寄主很广，生料熟料发酵料通吃，应予注意。

7. 如何防治曲霉菌？

曲霉菌中的黄曲霉，作为第三大杂菌，除对食用菌生产形成危害外，作为一种致癌物质，对人体十分有害，因此，生产中更应严格剔杂处理。具体处理措施可参考本节5、6等相关内容。

8. 如何防治毛霉菌？

毛霉有着极强的活力，在不断进行的药物防治试验中，该菌的杀灭难度较大，并且，由于该菌的菌丝发展速度极快，仅仅2～3天即可全部占领料面，因此更是增加了防治难度。我们建议：生产中一旦发现毛霉污染，即应迅速剔出培养室，使用赛百09药物100～200倍溶液等药物浸洗菌袋，待药液被吸收后，再撒以石灰粉覆盖，然后作为废料处理。

9. 如何防治根霉菌？

具体处理措施可参考本节6、8等相关内容。

10. 如何防治青霉菌？

具体处理措施可参考本节6、8等相关内容。

11. 如何防治鬼伞？

该菌多发生于生料及发酵料栽培生产中，熟料生产中少有发生。发生污染的根本原因有二：第一是菌袋品温过高，这是关键原因；第二是基料比较腐熟。处理措施：在可能的条件下，降低温度、降低湿度、增加通风，一般可使食用菌完成发菌。有的资料建议使用石灰水浸泡，或脱掉塑料袋后用石灰粉覆盖。我们在长期研发实践中发现，石灰的强碱性对鬼伞几无效果，不必使用。

12. 如何防治水霉菌？

生料和发酵料污染水霉后，在料表形成一层黄色丝布类的菌丝层，紧紧包裹基料，即使刚播种几天的大菌袋，去掉塑膜后，基料也不会散开，如此的紧裹，使得基料如同水渍状，菌袋内的通透性很差；但是，如果发现得早并予及时采取措施，水霉菌一般不会造成很大的损失。

发现污染后，即可加强通风，适量喷洒杀菌药物后，使用直径12～16毫米的钢钎对菌袋纵向打三四个透气孔通气，做菌畦栽培时可将塑袋褪掉，一般情况下，仍可完成发菌，出菇基本无碍。

13. 如何防治酵母菌？

酵母菌没有菌丝形成，但却属于真菌类，其特有的酒酸味使人们极易识别，发生污染的基本原因是灭菌不彻底、发菌期高温高湿，尤其基料含水率高导致通气不良是重要原因之一，一般可采取以下防治措施：

第一，降温降湿。根据条件采取不同的措施。

第二，对菇棚喷施杀菌药物后，熟料栽培的菌袋，可在菌丝尖端后1厘米处打孔通气、排水，含水率过高的菌袋可予直立排放，利于打孔后排水；生料或发酵料的菌袋可直接打孔。

第三，发现较晚、污染严重的菌袋，应予倒料处理。

14. 如何防治细菌？

细菌污染的典型特征，就是菇棚内发出臭味，有的细菌品种甚至会发出恶臭味。发生原因与酵母菌相似，防治措施参考本节相关内容。

15. 如何掌握预防性用药的浓度？

预防性用药，一般以抑制为主、杀灭为辅，故此，其浓度不要太高，如百病傻，可根据环境及棚温调至300～500倍，赛百09的浓度则为200～300倍，漂白粉可在100～200倍，80%的多菌灵（纯粉）可掌握浓度在800～1000倍。

16. 如何掌握预防性用药的频率？

预防性用药的频率，并非一成不变的，应根据季节或届时的温度等具体情况确定。比如，高温时段、环境较差的场所，我们建议以 3 天左右为宜；低温时段、环境较差的场所，以 7 天左右为宜；虽然我们倡导的原则是"宁过勿缺"，但是，过度的用药有时不一定就会有好的效果——其中，我们最担心的莫过于使病原菌增加了抗性，甚至由此发生变异。

17. 如何掌握杀灭性用药的浓度？

杀灭的前提是杂菌病害已经发生，不管严重程度如何或者密度怎样，要想予以杀灭，则必须坚持彻底干净、不留后患的原则，因此，药物的浓度应适当调高，如百病傻，可根据环境及棚温调至 200～300 倍，赛百 09 的浓度则为 100～200 倍，多菌灵（纯粉）浓度 600 倍左右。

18. 如何防治菇蚊菇蝇类成虫？

菇蚊菇蝇类对食用菌的危害最大，但其成虫却极不耐药，沾药即死；一旦发现，1000 倍氯氰菊酯溶液即可将之完全彻底的杀灭。

但是，我们在调研中发现，不少菇民朋友们的菇棚中，虽然也已经用药，但是，仍有密度较大的菇蚊类飞舞，究其原因：一是用药不到位；二是假药作怪——数年前我们一个试验基地的菇棚中，为了加强杀灭菇蚊的效果，将我们"氯氰菊酯 1000 倍"的要求改为 800 倍液，刚刚喷完药我们赶进菇棚查看效果：虽然满棚一股浓重的"氯氰菊酯药味"，但菇蚊依然在照旧活动，未受影响——经查，就是假药：较之正常价格低约 30%；换药后，还是 1000 倍液，菇蚊被全部杀灭。因此，对于药物没有预期作用效果的，应予查明原因，对症下药进行处理。

19. 如何防治螨类？

螨类，一类很不被注意的害虫，但是，危害性很大，往往把菌袋内的菌丝蚕食一空，不少菇民朋友还误认为是发生"退菌"。防治措施如下：

第一，新建菇棚，应远离仓库、草堆、垃圾场等场所，即使破旧住宅、鸡舍等，也要离开 200 米以上。

第二，清理环境，尤其菇棚周边的陈年粪堆、垃圾堆、积草、柴垛、阴暗角落等，更是清理的重点。

第三，发现有螨类活动，立即喷施扫螨净之类的专用药物予以杀灭，一般药物浓度在 800～1000 倍即可，使用阿维菌素可掌握 2000 倍左右。

第四，拌料时加入阿维菌素，或在发菌期间及时喷施阿维菌素类药物，可以有效防治螨类害虫。

20. 如何防治跳虫？

主要发生于高温季节，咬噬子实体及菌丝体，多喜钻入菌褶间取食孢子，采收后，跳虫仍在菌褶间无法彻底洗净，影响商品质量；此外，害虫尤喜聚集生活，特喜聚集于水面，可喷洒 1000～1200 倍高效氯氰菊酯溶液。

21. 如何防治蓟马？

蓟马，与跳虫差不多大，危害性也相似，主要防治措施如下：
第一，撒施石灰粉隔离区，成为虫源来路的阻挡。
第二，喷洒 1000 倍乐果乳油，即可一次性杀灭。

22. 如何防治鼠妇？

鼠妇，是最常见的小动物之一，它们的活动，尤其夜间特别活跃，咬食子实体边缘及菌褶，危害较大。防治措施如下：
第一，清理卫生，减少害虫的隐身之处。
第二，毒饵诱杀。敌百虫与豆饼粉比例为 1：9 配成毒饵，夜间诱杀。
第三，药物杀灭。1000 倍高效氯氰菊酯溶液喷洒，予以杀灭。

23. 如何防治蛞蝓？

属小动物类，昼伏夜出，危害较重。防治措施如下：

首先，清理卫生，不使蛞蝓有藏身产卵场所。

其次，诱杀措施。蜗牛敌与豆饼粉比例为1∶25配成毒饵，夜间诱杀。

最后，喷洒10％食盐水溶液，利用食盐的渗透压使之脱水死亡。

24. 如何防治蜗牛？

小动物中有壳保护的大型品种，取食量大，繁殖速度快，危害更重。防治措施如下：

毒饵诱杀：豆饼炒香后，与蜗牛敌药物配成1∶20的毒饵，置于其出没或活动处，诱杀效果较好。

药物杀灭：28％达螨灵乳油1500倍液喷施杀灭。

25. 如何防治线虫？

线虫，性喜聚集成团，吸食菌丝及子实体汁液，危害较重。防治措施如下：

首先，清理虫害菇，刮除料面，打扫卫生，将垃圾远离菇棚进行处理。

其次，喷洒6％～10％食盐水溶液，利用食盐的渗透压致其脱水死亡。

26. 食用菌专用灭虫器的杀虫效果如何？

食用菌专用灭虫器，截至目前，是国内唯一专门用于食用菌生产中灭杀虫害的工具，其物理性手段为我们的食用菌生产拒绝农药、拒绝残留提供了科技支撑。受凯鹏电器厂委托，我们于2012年开始对该食用菌专用灭虫器进行了专项试验，结果证明：试验中菇棚内的成虫数量不足对照的1/3，而且没有化学药物、没有残留、没有刺激性物质和气味，并且，虫害防治成本很低，按每天最大开机时间10小时计算，电费不足0.10元，可以用于绿色或有机食用菌生产。

27. 如何正确使用杀螨药物？

不少菇民的咨询中，说发生螨害后，按技术员指导或药物说明喷洒了大量杀螨药物，但是，有的杀虫效果不好，如河北的菇民朋友连续喷洒3次达螨灵，仍未彻底杀死螨虫，山东聊城、菏泽的朋友有的用扫螨净喷洒后螨虫继续危害，蚕食菌丝，有的则干脆与用药前没有区别。据分析，原因主要有二：一是用药不当；二是药物质量有问题。正确方法应该如下进行：

第一，严格选购药物，购买货真价实的药物，是选药基本原则，不要被"低价"等字眼所迷惑。这是我们在长期的研发实践中遇到的最头痛的问题之一，希望广大业内朋友引起注意，同时也希望农资经营者不要盲目进货，更不要购入假劣产品，而成为不法厂商的合谋。

第二，按照适宜的浓度喷洒药物后，不要直接暴露，应使用塑料膜将菌袋（或菌畦、菌墙）覆盖，一般6小时左右即可达到理想的杀虫结果。

第三，建议在技术人员指导下，使用阿维菌素等药物进行防治，可获得理想的效果。

28. 如何正确使用磷化铝？

磷化铝，是一种剧毒的杀虫药物，磷化铝含量为56%～58.5%，遇水和潮气时，能发生剧烈反应，放出剧毒的磷化氢气体，当温度超过60℃时会在空气中自燃。与氧化剂能发生强烈反应，引起燃烧或爆炸。因杀虫效率高、经济方便而被广泛应用于粮食、仓库以及食用菌生产、储藏等环节。人体吸入磷化氢气体轻则会引起头晕、头痛、乏力、食欲减退、胸闷及上腹部疼痛，严重者有中毒性精神症状、脑水肿、肺水肿、肝肾及心肌损害、心律紊乱，直至死亡。因此，如何正确使用磷化铝，是需要每个使用者均应了解和必须掌握的。

第一步，分取药片。一般生产中应使用如1千克或5千克大包装的磷化铝产品，由于食用菌生产的分散性，故应将之分取、装入纸包。基本操作：戴好口罩和乳胶手套，迎风操作，无风天气时，应打开电风扇，将之放于操作者偏前方位置并朝向操作者胸面部吹风；打开磷化铝大包装后，按1片或2片的数量装入事先折好的纸袋中，并随手将纸袋攮紧，使之包住药片；按用药计划取完后，密封大包装。

第二步，投放药物。将发生虫害的菇棚喷重水或直接往地面浇水，菌袋覆盖塑膜；掀开塑膜，将药片纸包投入其下并快速覆盖；然后关闭所有通气孔等。注意：投药前将地面浇湿，塑膜即可贴紧地面。

第三步，维持药物释放时间。一般温度在15℃以上时，维持6小时左右即可，15℃以下时，可以延长至10小时左右。注意：该熏蒸时间段内，人畜均不得进入。

第四步，处理善后。达到预定的时间后，首先，打开通风孔、门口等，通风半小时左右，风力较大时，10分钟即可，最好设置强制通风；其次，戴好口罩进入棚内，迅速掀开覆盖菌袋的塑膜，暴露菌袋，迅速撤离；再次，一小时后，即可入棚收拾塑膜，洗净叠好；将纸包收入盆桶内。注意：磷化铝已经分解成为粉末，不要到处散落。第四，远离菇棚，挖深坑40厘米以下，将纸包深埋；最后，菇棚内开始正常管理。

特别提示一：购买磷化铝时，一定要详细咨询营业员；磷化铝的经营者，有责任和义务将使用方法教给购买人。

特别提示二：我们在实际研发工作中，曾多次遇到过"假磷化铝"药物，即使将之投入水中也不会有任何反应，不但没有任何杀虫效果、浪费人财物力，而且耽误杀虫时间，造成更大的损失。建议一定要去正规农资店，购买正规产品，并索要发票，以便投诉。

29. 发生烧菌是什么原因？

烧菌的发生，只有一个原因，那就是菌袋内的基料温度高——品温过高，即菌袋内的温度达到或超过42℃。引发品温过高的原因，主要是菌丝长速快、菌丝量大、菌丝活跃、气温过高、棚温高、菌袋堆积过高、覆盖物过多、散热不良、倒垛不及时等诸多原因。

30. 如何防止发生烧菌？

烧菌的原因已经找到，那么，防止烧菌也就不难解决了。其中关键要解决以下几点：

第一，解决原料发烧的问题，发酵处理，应进行规范操作，使之达到发酵的目的，否则，很难控制品温。

第二，保持棚温的基本稳定，气温 20℃ 以及以上时，使菌袋单层排放，尽量保持最低品温，越是低温越是保险——应控制在合适的温度范围，否则，温度过低，菌袋无法正常发菌。

第三，尤其高温季节，应坚持夜间加强通风，冬季则应在 10：00 后至 14：00 之间进行通风——最好设置强制通风。

第四，低温季节一旦品温达到 25℃ 左右、高温时段达到 35℃，即应迅速进行降温，比如菌袋排开单放、加强通风降温、喷淋地下水等。

第五节　出菇管理

1. 出菇前的菇棚如何处理？

主要应做好以下三个方面的工作：

第一，清理环境卫生的基础上，整理棚内，并灌水使之渗透地下 20 厘米以上，并根据菇棚害虫基数等情况按 200 平方米菇棚 250～500 毫升的用量随水浇灌辛硫磷或毒辛。

第二，菇棚进出口、通风孔等均封装防虫网，进出口撒布 2 米×2 米的石灰隔离带。

第三，棚内间隔 2 天左右喷洒 300～500 倍百病傻溶液和200～300 倍赛百 09 溶液各一遍，卷起草苫，晒棚处理；2 天后，棚内按 25～75 克用量撒施石灰粉，然后即可启用。

2. 高温闷棚如何操作？

我们一直提倡棚内喷药后应予晒棚，即所谓"高温药物闷棚"，主要理由如下：

第一，利用高温并结合药物，对菇棚内的病原菌、害虫类予以尽量多的杀灭和抑制。

第二，利用高温，可令药物最大限度的在最短的时间内集中发挥作用。

第三，晴好天气揭掉草苫，菇棚内最高温度可达 70℃ 左右，让喷施的药物在发挥作用的同时得到充分分解，最大限度地降低或消除残留。

3. 浇水时灌入辛硫磷或毒辛等药物有何作用？

主要作用是消灭地下害虫，如蝼蛄、地老虎以及蟋蟀等——该种措施，对于覆土栽培的鸡腿菇具有不可替代的作用。

4. 选择遮阳网密度有何讲究？

遮阳网密度的选择，应以其遮阳率为准，如 2 针的遮阳率 40%～80%，3 针的遮阳率 50%～85%，4 针的遮阳率 60%～90%，6 针的遮阳率 80%～98% 等不同规格；一般每平方米 45 克左右。菇棚外架设的可选择 4 针遮阳率 60%～90%，棚内使用应选择 3 针遮阳率 50%～85% 的。

5. 菇棚上覆盖物如何选择？

一般生产中，草苫是大多数菇民朋友的选择；但是，也有的为了节省生产成本而就地取材，采用秸秆类直接进行覆盖，如麦草、玉米秸等，只是操作不便，但是，该类覆盖物直接铺压在塑膜上，需要揭开透光或晒棚时，极为不便。时下有一种专用于大棚的保温被，据说效果较好，虽然价格有点高，但具有折旧的时间长、适合机械卷帘、方便压线、不易被大风吹起等优点，有条件的菇民朋友不妨一试。

6. 草苫的厚度和密度有何要求？

草苫的厚度和密度，没有统一的技术标准，只是农间自定的要求，在一定长度条件下，多以重量计（长度一定时，厚度或密度就决定了重量）。根据我们多年研发实践，一般以覆盖后，在棚内仰视基本没有缝隙为佳，这种就是所谓的"厚草苫"，保温效果较好；也可以使用稍有缝隙的，极端天气时节，可以覆盖两层。

注意要点：草苫的边缘对接，一般应是左右阶梯形叠压，边缘重叠 10 厘米左右，叠压处上层的草苫边，应根据当地或即时的背风方向，以免被风吹起；也可以采取隔一个放下后，空间盖一个，使之两边叠压。上述两种形式各有利弊，根据具体情况而定，以方便操作、达到遮阴保温等目的为主，不必强求表面的统一。

7. 菇棚上覆盖散碎秸秆应注意什么？

为了节省成本，可以使用散碎的秸秆类覆盖菇棚，但是，需要晒棚或者需要光线时，则不方便操作。使用散碎秸秆类覆盖菇棚时，应注意多拉设几道压条，以防秸秆被风吹起甚至刮跑；农村集市上有一种大格尼龙网销售，居农多将之用于圈养鸡鸭等，可以用作散碎秸秆的表面覆盖，效果极好。

8. 菇棚覆盖物材料中保温被效果如何？

保温被，是时下最新型的大棚覆盖材料，既方便揭盖操作，又减轻了菇棚支架的承载，关键是保温被的不惧雨雪，更是让人们看到了它的优势。但是，该种材料价格偏高，并且，菇棚必须具有相应的面积，一般小型的、非规格化的菇棚难以使用。

9. 遮阴效果最佳有什么低成本覆盖物？

据我们几十年的研发实践，发现最佳低成本遮阴物当属直铺一层草苫后，棚顶 1 米左右高处搭架，夏季可使长蔓型植物如南瓜、葫芦、佛手瓜等秧蔓爬满架子，如此便可在不妨碍操作草苫的基础上，形成双层遮阴的效果，尤其夏季，并兼具降温、增氧、保湿等作用，效果极好。

10. 菇棚墙体保温措施如何选择?

我们建议:有条件的地方还是以土墙建棚为最好;有的菇民朋友使用空心砖、往空心里加填炉渣、干土等,效果也不错;也有的为了一劳永逸,打40厘米左右的土墙,然后用红砖将土墙砌在里面,既耐雨水冲刷等损害,又兼具较好的保温作用,而且还有整齐一致、美化环境等诸多优势,建议成片栽培的区域内修建该种菇棚。

进入冬季后,将菇棚北墙外护上一层厚厚的玉米秸秆,保温效果自然很好;也可以拉上塑膜护住北墙,然后,往塑膜与墙体的间隙中填塞麦草、稻草等,一则保温,二来还可抵挡雨雪对墙体的侵蚀——但是,任何事物都是有利有弊的,该种方法的最大问题就是防火问题更加突出、难度更大。

11. 棚内顶部拉设遮阳网的升温效果如何?

该种方法的升温效果与菇棚建造有关,尤其与其朝向角度、墙体等关系密切。正常情况下,晴好天气时,棚内一般可升温5℃以上,甚至可达10℃以上,效果不错。

但是,如此升温有两个问题就是:第一个,造成棚内水分蒸腾,形成雾状,尤其上午十点以前,雾气朦胧,对幼蕾生长不利;第二个,不能有效升高地温。

12. 出菇时段菇棚内空间如何升温?

菇棚空间的升温方法主要有以下方法:

(1)遮阳网升温法 具体操作是在菇棚内的顶部拉设遮阳网,晴好天气卷起草苫后,使热量进来,而将光照挡住,可参考本节相关内容。遇连阴天气时,该法无效,只好加煤炉进行升温,虽然在小局域内有效,但毕竟作用有限,而且需要特别注意排出烟气,并等量补充燃烧时消耗的大量氧气。覆盖散碎秸秆的菇棚无法进行该项操作。

(2)火墙升温法 在棚外搭建操作间,从该处修建大型火炉,使火墙入棚，顺北墙直至菇棚另端，再顺墙往南折回，顺南边回到火炉端，修建烟囱，排除烟尘。该法较之直接火炉法的热效率高得多，而且节省燃料。该法近年已被逐渐淘汰，取而代之的则是水温空调之类的控温设备。

（3）小白龙升温法　操作间里烧起蒸汽发生炉，将聚丙烯菌种筒料与其蒸汽出口相连，然后进入菇棚，顺北墙拉至另端、折向南边再折回，将该端口不要扎死，留一较小的出气口，一则可使新蒸汽进入，二来可排除冷凝水，菇棚升温的效果极好。该法的费用偏高，只有在一些不成规模的地区尚在使用。

（4）水温空调升温法　该法最为省事、省力，只需安装水温空调，烧燃蒸汽发生炉，设定棚温，开启电源即可。该法升温效果最佳，而且可调可控性令人满意。近年来很多地区已安装该类设备，由于可以双向调控温度，所以效果不错。

还有热油暖气片加温、热风炉加温等很多种方法，各地应根据自身条件而定，不可强求一致。

13. 菇棚内如何升高地温？

鸡腿菇出菇阶段的菇棚内的升温，除一般品种的空间升温与保温外，关键是地（表）下的升温，这是区别于其它不覆土品种关键所在。很多时候，我们说的鸡腿菇出菇温度不足，主要是指地下温度。实际研发工作中，我们分别采取了诸如地暖升高地温、地热线升高地温以及使用升温材料等，获得了大量一手资料。

（1）使用升温材料升高地温　不易操作，而且，该种材料限于资源和材料储备以及生产结束后的善后处理等问题，尤其操作难度较大，很难用于生产，仅仅作为实验或试验是可以的，不具备实用性。

（2）地热线升高地温　方便操作，尤其生产结束后的善后处理等比较简单，但是成本较高，并且，尚应具备三相电能源条件，菇农用于商品生产的实用性不强。

（3）地暖升高地温　是参考住宅的地暖改造而来，三相比较，该种方法可以用于生产。

14. 采取地暖气升高地温的效果如何？

地暖气升高地温的效果很是理想，尤其在配合空间升温等措施的条件下，可以使得出菇效果非常理想；只是修建成本较高，并需具备供暖条件，运行成本如同居家供暖；只是维修麻烦一些。

15. 采取地热线升高地温的效果如何？

地热线升高地温，该种方法曾广泛用于育苗等生产中，效果很是理想，用于鸡腿菇的栽培试验效果也很理想，只是运行成本稍高，而且，电源不是一般菇民所能解决的，必须由政府出面进行统一组织、供电部门实施和管理，尤其牵涉增容申请以及变压、施工等诸多的资金投入问题，很不容易解决。

16. 安装水温空调的升温效果如何？

水温空调升温法，在所有的（空间）升温措施中是效果最好的，可以很好地解决菇棚温度问题，而且，可以有效双向控温，不存在温度过高或过低等问题，并且，开启水温空调后，基本不存在菇棚内通风不良等问题；但是，也存在设备的一次性投资偏高等问题。

17. 菇棚内降温有何方法？

菇棚内的降温，有以下多种方式或方法：

第一种，强化通风降温法。参考本书相关内容。

第二种，辅助手段降温法。主要有菇棚使用隔热材料墙体、放置冰块吹风等措施。但是，成本偏高，不适合一般栽培户采用。

第三种，水帘降温法。这是一种高温季节被很多人推崇的方法，利用地下（表）水在菇棚的一端形成水帘，采取直接对水帘吹风的方式，使菇棚降温，效果不错。美中不足的是，造成棚内湿度过高，易发病害。

第四种，空调降温法。指水温空调降温，以山东地区为例，地下（表）水温度在 15℃ 左右，东北、西北地区更低，该设备的出风口温度可达 21℃左右（2012 年前的技术），对于夏季栽培中高温菌株而言，效果不错。

值得一提的是：目前有一种最新技术，可令水温空调吹出的风温接近地下（表）水温度，可维持菇棚的温度稍高于地下（表）水 2~3℃，据悉该技术正在申请专利，因此，我们不便透漏，请读者理解！

第五种，冷冻机组降温法。这是降温幅度最大、降温效果最好的方式，并且可以控制降温的幅度；但是，设备购置费用高，运行成本高，较多的用于设施化栽培或机械化生产，是工厂化生产的必备设备，不适合季节性零星生产采用。

18. 双层草苫的降温效果如何？

一般可降温 1~3℃，如果将草苫喷湿，温度下降幅度会更大，但是，必须要关注菇棚的支架是否稳固，尤其应注意雨季和冬季的大雪。

19. 水温空调的降温效果如何？

江北地区，每台设备大约可使一个 200 平方米以下的菇棚保持在 23℃左右；近来很多南方的朋友咨询在广东广西等地是否可行？我们可以负责地告诉读者：一般进水温度＋8，即为该设备能够保持的棚温——比如地下水抽到地面后的温度是 20℃，那么，该棚内就可以保持 28℃左右的温度，这只是个理论数字，此外，还要根据菇棚的保温性、菇棚面积以及棚内菌袋（棒）数量等具体条件而定。

水温空调的最新技术，吹出的风温接近地下（表）水温度，可维持菇棚的温度稍高于地下（表）水 2~3℃，相关内容可参考本节 17 等关于水温空调的内容。

20. 遮阳网的降温效果如何？

遮阳网的降温效果，使用得当，一般可以达到 3~5℃，如本节前述，如将之直铺于棚顶，则其降温效果不好。一般应将其适当架高，与棚顶的草苫之间留有 1～1.5 米距离最佳。

21. 植被降温法的效果如何？

所谓植被降温法，就是长蔓植物空间降温法，该法的技术优势不仅仅在于遮阴降温，而且，可以有效地保持菇棚的水分及湿度，而且，还有给菇棚增氧的效果，十分有利于子实体的生长。

22. 鸡腿菇直播栽培如何操作？

鸡腿菇的直播栽培，就是不要装袋播种，将基料直接铺于菌畦后撒播菌种，然后进行覆土的栽培模式，这是最早进行的鸡腿菇的栽培方法。

23. 鸡腿菇直播栽培的关键点是什么？

关键点有二：第一，最大限度地管理发菌，使之减少污染率；第二，采收后的补水补肥应谨慎操作。

24. 鸡腿菇直播栽培有何利弊？

最大优势就是无需装袋操作，最大限度地节约了装袋人工、部分采收人工、搬运菌袋的人工等费用，节约了塑袋材料等；弊端也是十分明显，比如发菌污染率高，并且，菌畦内一个污染点可以很快弥漫整个菌畦；发生病害也是如此，蔓延性病害虫害，非常令人头疼。

25. 鸡腿菇菌畦式栽培如何操作？

将成熟的菌袋脱去塑膜，菌柱可以横卧栽培，也可将菌柱从中断开，然后进行立式栽培，两相比较，我们倾向于后者——不会发生"畦底菇"；覆土后立即喷（浇）水，使覆土沉实后，再行覆土一次，以菌柱上有 2～4 厘米土层为宜。

26. 鸡腿菇菌畦式栽培的关键点是什么？

覆土材料预先进行处理，勿使带病虫入畦；喷（浇）水要缓慢、足量，不要猛水，以防菌柱浮起；完成入畦操作后喷洒药物，如 300 倍百病傻或赛百 09 等，根据温度和环境确定是否喷施杀虫药物；菌畦上覆盖一层遮阴物。

27. 鸡腿菇菌畦式栽培有何利弊？

鸡腿菇菌畦式栽培，具有三大优势：第一，菌袋预先制作，无需畦中发菌，仅有的就是覆土后的土层发菌 20 天左右，减少了直播模式畦中发菌的 30 天左右时间；第二，便于控制污染率，一个菌袋发生污染，可以处理一个菌袋，基本不存在迅速传播、污染蔓延类问题；第三，菌柱入畦，操作方便，可以很方便地按生产计划出菇。

菌畦式栽培的主要弊端是：需要另外修建装袋播种、发菌以及菌丝后熟等场所，人工管理费用相对较高；覆土材料必须填充到位，尤其菌柱横卧栽培时，菌柱半径下形成悬空后，长出的"畦底菇"令人生厌：扁圆、粗大的菇体，形态丑陋，重量高达 300 克以上甚至更多，分解吸收（浪费）了大量基料营养，商品价值很低——只可作为加工原料，而不能进入鲜销市场。

28. 鸡腿菇围墙式栽培如何操作？

所谓围墙式栽培，就是利用土质墙体、利用鸡腿菇可以在墙体上出菇的生物特性，在栽培面积和投料量都不变的条件下，最大限度地增加出菇面积，基本操作如下：

第一步，先沿菇棚四周修建菌畦，菌畦内的鸡腿菇菌丝可以从土缝中爬上墙体，距地面 0.5 米高处可有鸡腿菇子实体长出。

第二步，距离棚南菌畦 1 米远、顺菇棚南北向用"夹板"打土墙的方法，打起 0.5 米高的土墙。注意：所用土中，首先应加入适量麦草或稻草作为联结材料，以增加土墙的坚韧度，其次应按土重加入石灰粉 0.5%、石膏粉 0.2%、复合肥 0.2%、腐熟牛粪 5%，拌匀后再行打墙，以为鸡腿菇菌丝提供速效营养；在土墙四周按照第一步的方法修建菌畦，宽 0.5 米左右，效果同上。

第三步，新打土墙间隔 2 米左右，分别为两个 0.5 米的菌畦、一个 1 米的作业道。

29. 鸡腿菇围墙式栽培的关键点是什么？

围墙式栽培的关键点主要有二：第一，打土墙的土质要好，适合鸡腿菇菌丝"爬墙入土"；第二，土墙必须坚固，至少在本批栽培中不会土崩瓦解。

30. 鸡腿菇围墙式栽培有何利弊？

围墙式栽培的最大优势是：在没有购置设施的条件下，可以最大限度地利用栽培空间；弊端就是打土墙的劳动强度过高，如果不是进行连续栽培，则劳动成本太高。

31. 鸡腿菇的架栽如何操作？

所谓架栽鸡腿菇，就是使用栽培架进行栽培的模式，一般菇棚里可以安排4～5层栽培，高者可达8层之多；现多采用铁制栽培架，层高不大于40厘米，底层铺土后，将菌柱置于其上，然后进行覆土、喷水等常规操作。

32. 鸡腿菇架栽的关键点是什么？

鸡腿菇架栽的关键点，就是用水，因为除最底层以外，架层底部不设透气或漏水孔，如用水过多，将会对菌柱发生浸泡，温度偏高时将会使其菌丝自溶。

33. 鸡腿菇的架栽有何利弊？

架栽鸡腿菇的最大优势，就是能够充分利用栽培空间，使生产用土地和设施的资本分摊成本降至最低水平，同时，最大限度地利用如控温、控湿等设备，并且还可以实现集约化生产，使得每个劳动力管理的投料数量得到大幅度的增加，单位投料的人工成本大幅度降低，可以实现周年化生产等；其弊端也是显而易见的，比如单位投料的生物学效率低于单层栽培，由于层架设施的制约，束缚人体活动，操作不便，必须配套相应的控温通风等设备，单位投料的硬件投资（折旧）成本大大高于传统生产。

34. 鸡腿菇的箱栽如何操作？

　　箱栽，顾名思义，就是使用特制的箱型结构的工具进行栽培的生产模式，时下一般可选择塑料制栽培箱，四周边按照一定比例预设出菇孔，栽培箱如塑料周转箱那样可以码高，就可以根据菇棚和操作要求任意码高，根据栽培场所随意安置，出菇期间如感觉位置不合适还可以随意挪动，很是适合现代生产的要求。

35. 鸡腿菇箱栽的关键点是什么？

　　箱栽鸡腿菇的关键点：第一，覆土材料应为草炭土或者腐殖土，并且，必须提前进行药物处理；第二，提前完成菌袋的发菌和后熟培养；第三，菇棚应有相应的控温、控湿、通风等装置。

36. 鸡腿菇的箱栽有何利弊？

　　箱栽鸡腿菇的最大优势就是栽培箱可以反复利用，较之栽培架的折旧成本较低，最大限度地利用设施内的空间，可以有效利用相关设备等装置，清棚处理非常方便；弊端就是必须使用草炭土或者腐殖土，并且，覆土操作不便。

37. 鸡腿菇的大袋栽培如何操作？

　　鸡腿菇的大袋栽培，就是改扁宽 18～25 厘米的塑料袋为 45～65 厘米，一般直径多在 18 厘米左右，采用发酵料栽培，逐个装袋、播种、覆土，带袋出菇，可单层栽培，也可层架式栽培。

38. 鸡腿菇大袋栽培的关键点是什么？

　　鸡腿菇大袋栽培的关键点：首先就是由于塑袋规格较大，菌袋容易发烧，所以，发菌过程中，应予严格观察品温并准备随时调整温度；其次，覆土后应将袋口挽下与土层持平，以保障通气。

39. 鸡腿菇大袋栽培有何利弊？

　　鸡腿菇大袋栽培有三个主要优势：第一个就是大规格塑袋方便

装袋播种，相同条件下，装袋效率提高近一倍；第二个就是节约塑袋费用和装袋的人工费用；第三，较之直播栽培，降低了杂菌病害迅速蔓延的可能性，较之传统脱袋栽培，减少了脱袋覆土等费用。就目前技术条件下，该种栽培模式的弊端也很明显，主要体现在：逐袋覆土，用工较多；多为平面栽培，浪费设施空间。

40. 鸡腿菇的小拱棚栽培如何操作？

小拱棚栽培鸡腿菇，这是 20 世纪 90 年代在部分地区推广使用的生产模式，目的就是投资很少、操作简便，限于土地的不稳定，该思维基础就是计划"打一枪换一个地方"，所以，必须尽量减少大棚等固定投资。基本操作就是：一般按南北方向修建深 0.2 米、宽 1～1.2 米的菌畦，菌畦间距 1.5 米左右；菌畦上插那种竹片（竹批），使成拱形，上覆塑膜、草苦即成。无论通风、喷（浇）水、采收等，必须揭开塑膜；生产结束后，收拾掉竹片，又可还原土地，并将菌糠废料翻入地下作为有机肥料，尤其在果园中如此生产，益处多多。

41. 鸡腿菇小拱棚栽培的关键点是什么？

小拱棚栽培的关键点是：应有相应的遮阴措施，并需安排好出菇季节，否则，进入高温时段，直射的阳光，小拱棚的覆盖物"不堪重负"，拱棚内的温度将会高于棚外，即使勉强现蕾，子实体也会因此而死亡、腐烂。以山东为例，我们一般安排在果园内修建小拱棚，冬季发菌，春季 3 月开始出菇，至 6 月底赶在雨季到来之前结束出菇，并及时将菌糠废料翻入地下，经过一个汛期，就可以成为果树的上好肥料。

42. 鸡腿菇小拱棚栽培有何利弊？

小拱棚栽培鸡腿菇，最大优势就是不占用耕地，可以很方便地利用空闲地进行栽培，如果园、树林、院内、沟边等，曾有菇民朋友利用汛期的排水沟每年春节栽培一批；小拱棚可长可短，根据地形地势而建就行，并且，由于没有固定物资或基础，一旦结束出菇，即可随时收拾拱棚材料，另处再建；弊端就是抗御外界不利因素影响的能力很差，稍有升温降温，棚内温度变化剧烈，对子实体的发育极为不利。

43. 大敞棚仿野生栽培如何操作？

鸡腿菇大敞棚仿野生栽培，是我们在 20 世纪 90 年代研究的一种栽培模式，因为栽培面积偏大、土地不好调整等原因，不适合一家一户的生产模式。研究证明：该种模式，在春夏秋三个季节内，可以较好地调整敞棚下的温度，令鸡腿菇生长无忧；目前土地条件下，可以通过专业合作社或土地流转等方式解决土地以及资金等问题，顺利地进行生产。基本模式和操作详见本书第一章第一节 16 等相关内容，不再赘述。

44. 大敞棚仿野生栽培的关键点是什么？

大敞棚仿野生栽培的关键点，主要有四点：第一点就是敞棚的建造，必须完全遮阴，并且南北向顺水，以防雨水灌入棚下；第二点就是以正方形为宜，任何方向的长条状敞棚，不利于遮阴降温；第三点，四周围起防虫网，以防害虫滋扰；第四点，敞棚四周必须架设喷雾管道，并应能够单独开关，这是生产的关键基础之一。

45. 大敞棚仿野生栽培有何利弊？

大敞棚仿野生栽培模式，最大的优势就是直接在野外遮阴栽培，不需要投资控温控湿控气等设备，产出的菇品口感和风味可与野生菇相媲美，商品性与菇棚的产品无二，可以说，在节省大量固定投资的基础上，最大程度地创出了一种全新的生产模式；但其弊端也很突出，如需要整块的土地面积、不适合一家一户的独立生产、产出比较集中、受外界自然影响较大等等。

46. 林下仿野生栽培如何操作？

林下仿野生栽培鸡腿菇，也是一种很好的节约耕地面积的栽培模式，这里我们所说的林下仿野生栽培，是指利用远离人群、大面积、中高海拔林区的林下栽培，完全处于野生条件的状态下，期间的管理没有人为的干预。基本操作是：选择坡度小于 30°林地，越平坦越好，利用树木间的空地，可以单穴栽培一个菌柱，也可成小片的栽培几个或几十个菌柱；利用地面植被的覆盖、蒸腾等作用，使鸡腿菇子实体处于一种相对较适宜的生长环境中，从而达到获取高品质、高产量的生产目的。

47. 林下仿野生栽培的关键点是什么？

林下仿野生栽培的关键点主要有二：一是尽量选择平缓地带，海拔高度尽量大一些为佳；二是覆土后、采收后必须浇足水。

48. 林下仿野生栽培有何利弊？

林下仿野生栽培鸡腿菇，最大的优势就是可以利用原本闲置的土地面积，产出高品质的菇品，并且，我们的各项试验证明：较之相同基料的传统栽培，该类远离人群、中高海拔林区的林下栽培的鸡腿菇，菇品中含有对人体有益的微量元素，明显高于传统产品，有的甚至超过几倍或几十倍。但是，任何事情都是一分为二的，林下仿野生栽培鸡腿菇也是一样具有其自身固有的不足或难以克服的弊端，比如远离人群的交通问题、中高海拔林区的水源问题、平时的管理问题以及菇品送入市场的问题等，均为林下仿野生栽培的制约因素。

49. 菇洞栽培如何操作？

20 世纪 90 年代，山东的潍坊、淄博等部分地区的菇民为栽培双孢菇能够冬夏季节正常出菇，而在村外的土山上挖而成的一种宽 2 米左右、长达几十米甚至 200 多米的类似地下通道的设施，为与自然山洞等相区别，我们将之取名为"菇洞"，具有比较理想的栽培效果；后来，济南的菇民仿照该法，利用村边的土质山体或沟崖凿挖菇洞，专门用于栽培鸡腿菇，均取得了理想的生产效益——尤其冬夏两个季节的菇品，多被客商包销，虽然给出的价格不足以反映鸡腿菇的市场价值，但对于生产者而言，生产效益已经得到保证，一家一户又无法进入市场，也就罢了。

菇洞的栽培模式就是大袋平面栽培，截至目前，尚无其它的栽培模式。基本操作如下：

（1）菇洞两端各分别封一层防虫网、一层保温帘，保温帘在外，里设缓冲间，进入出菇洞之前是防虫网。

（2）使用大规格塑袋，每袋装干料约 2.5 千克，湿重约 7 千克，最大规格的超过 9 千克。

（3）菇洞内喷 300 倍赛百 09 溶液一遍，两天后再喷洒 300 倍百病傻与氯氰菊酯 1000 倍混合溶液一遍，封闭两头不予通风；2～4 天后解开开封启用。

（4）单层排入菇洞的两侧，中间留出不足半米的作业道。

（5）挽下袋口，单袋覆土。

（6）采收后及时清理料面，并把垃圾之类的及时清理出去；然后喷洒 300 倍百病傻与氯氰菊酯 1000 倍混合溶液一遍，即进入菌丝休养阶段。

（7）出菇期间无需喷水等类管理。

50. 菇洞栽培的关键点是什么？

菇洞栽培的关键点有以下几点：

（1）防病　发现任何苗头的病害，随即将菌袋移出去，不可置之不理，并随时用药；进行单袋移出和处理，是大袋栽培的优势之一，而这一点是菌畦栽培所不具备的。

（2）防虫　防虫网是第一道屏障，出菇期间的间歇期用药，也是必不可少的措施之一。建议全程坚守一个原则：预防为主，防治并重。

（3）每批清料后的消杀应遵守"完全彻底、不留后患"的原则，宁过勿缺。

51. 菇洞栽培有何利弊？

菇洞栽培的最大优势就是温度、湿度适宜，无需特别管理即可理想的出菇，尤其济南地区那种两端口均在悬崖上、进口用挖洞的土填平为道路的菇洞，为了增加菇洞长度还在中间特意设置了60°左右的拐弯，通风条件特别好。弊端就是交通问题，可以用十分不便来形容；另外，为了安全起见，菇洞的宽度一般不会很理想，因此，作业道两边各安排4排菌袋后，显得很是拥挤——只是生产者的操作极不方便，与子实体的需氧等无关。

52. 菌菜套种如何操作？

菌菜套种的操作不是很复杂，将鸡腿菇菌袋完成后熟培养，根据蔬菜的株距，将1～2个菌柱埋入两株蔬菜之间，只是栽植蔬菜时需要使用弯铲挖栽培穴，而不要使用普通工具挖大栽培坑，以免破坏土层中的鸡腿菇菌丝；如果是蔬菜直播，则应将菌柱和种子一同下地；需要起垄栽培的蔬菜如茄子、辣椒等，则应提前按照起垄的高度栽培鸡腿菇菌柱，起码不要将菌柱埋得太深。

53. 菌菜套种的关键点是什么？

菌菜套种的关键点：确定蔬菜品种以及栽培模式，注意要点是鸡腿菇菌柱的覆土厚度，尤其不要埋得过深。

54. 菌菜套种有何利弊？

菌菜套种鸡腿菇的最大优势，就是利用蔬菜植株之间的空闲穴栽鸡腿菇，利用蔬菜的遮阴、土壤的水分以及土壤中的营养，在蔬菜生长周期内完成一批鸡腿菇投料，最大限度地节约土地和设施投资。其弊端也很明显：一般蔬菜需要高温条件，必须注意选择低温品种，而且，蔬菜的用水量较大，尤其在鸡腿菇幼菇阶段，一旦有大水漫过，或长期保持高湿环境，将会不可避免地造成褐顶菇、水渍菇，甚至出现畸形菇，严重时还会发生某些病害，应注意防范。

55. 菌粮套种如何操作？

菌粮套种，其本意与菌菜套种是相同的，只是改变了作物品种而已。具体参考本节52等内容，不再赘述。

56. 菌粮套种的关键点是什么?

菌粮套种的关键点是水分管理和如何用水,难点就是如何保证鸡腿菇的需水要求,原因是:粮食作物,有时候是不需要太大水分的,并且,有时候需要一定程度的干旱,比如即将成熟时,一旦田间水分过大,将会造成很大的负面影响。

57. 菌粮套种有何利弊?

菌粮套种利弊,请读者参考本节 53、54、56 等相关内容,不再赘述。

58. 催蕾怎么操作?

鸡腿菇的催蕾,不像平菇、香菇那样复杂和直接,但也是可以从温差刺激、湿差刺激等方面入手,对其表面菌丝实施一定刺激的,一般多采取拉大温差、加剧光照强度差别等措施达到催蕾的目的。

59. 温差刺激如何操作?

温差刺激的方法比较常见,比如,关闭所有通风口即进出口等,设法提高菇棚温度,比如利用日光升温法,有条件的可以进行物理升温,增温到 30℃时停止增温,维持 2 小时左右时,将温度予以释放——比如打开排气孔、物理降温等均可。注意要点:增温不可过高。

60. 湿差刺激如何操作?

对于鸡腿菇栽培来说,湿差刺激就是通过调整通风使覆土层的含水率降低,从而达到刺激现蕾的目的。

61. 可否进行光差刺激?

从理论角度来看,作为一个覆土栽培品种,实在没有通过光照差度的刺激达到现蕾目的的必要,因为它们的菌丝是在土层及其以下，是不能接受到光差的。但是，任何事情都是一分为二的：通过增加光照尤其是直射光的强度，可以改变覆土层表面的菌丝的生长方向，可以促使其扭结现蕾——但是，问题的关键不仅如此，关键的是通过光照强度的变化，促使覆土层内温度和湿度的变化，从而达到催蕾的效果——这才是目的。

62. 催蕾期间如何进行通风？

该时段的通风原则是：微风不见风、有烟不流动。就是说：应采取小通风、微通风的措施，站在棚内抽烟时，吐出的烟雾不能随风移动，只能缓缓向上，然后在顶部基本朝一个方向散去。

63. 温度管理有何原则？

温度管理的原则是：根据栽培菌株的生物特性进行恰当管理，最好将之控制在温度下限的偏上范围，尽量不接近上限。

64. 如何进行湿度管理？

实际生产中，一般采取地面浇灌、喷施墙体以及空中喷雾等方法达到增湿的目的。

但是，鸡腿菇出菇阶段，是绝对禁止对子实体直接喷雾的；同时，也应注意空气湿度不要过高，尤其不要长时间保持高湿度。

65. 如何进行通风管理？

实际生产中，可本着"常通不止，保持新鲜，但勿使大风进棚"的通风原则，外界温度偏高时，应加强晚间的通风，温度偏低的时段，则在上午的 9～10 时至下午的 2～3 时进行通风；外界风力较大时，可缩小通风孔，无风天气时，可全部打开通风孔，甚至，可以揭掉部分棚膜，以强化通风效果等。

另外，据对多年食用菌研发工作中的具体问题进行分析，可以说，日常生产中并非重点的通风管理，往往成为制约生产结果的重要因素之一，甚至可以决定生产的成功与否；实际上，诸如子实体的畸形、出菇期间的病害等，很大程度上多由通风操作所致。例如，很多细菌性侵染性病害，通风不良多为诱因；再如，现蕾数量决定出菇效果，而通风不良的菇棚中，原基发生数量低，现蕾量小，势必导致最终产量的不尽如人意等。细菌性病害发生后，由于菌丝及子实体受害后抗性降低，真菌性病害往往乘虚而入，于是形成了交叉感染，从而加重了防治的难度。

66. 如何进行光照管理？

鸡腿菇出菇阶段，不需要光照即可正常生长，只要进入管理时能够操作的光照即可满足，其余时间均可关闭光源。事实证明：采用"人走灯灭"的光照管理措施，鸡腿菇子实体更加匀称、更加洁白、外观商品性更高。

67. 温、水、气、光如何进行综合管理？

综合管理的原则是：在预防病害的基础上，依据各项管理项目的重要性进行排序的话，通风第一，温度第二，水分第三，最后是光照。

68. 蕾期怎么管理？

菇蕾阶段，由于弱小，缺乏对外界影响因素的抗御能力，故对各项条件的要求较高，必须加强管理。首先，坚持通风原则，但绝不允许有较强风流掠过菇蕾；其次，保持温度的基本稳定；第三，不可对菇蕾喷水，尤其不得直接对菇蕾喷洒温差大的水；最后，调控光照强度在300勒克斯左右，不超过500勒克斯，只要可能，最好做到离开时关闭光源。

69. 鸡腿菇不用疏蕾操作吗？

一般不用。除非是要求培育大型子实体等需要时，可以在加厚覆土层的基础上，适当疏去部分拥挤的幼蕾，一般生产中无需进行该项操作。

70. 幼菇期怎么管理？

可参考本节63、64、65、66、68等相关内容，可以稍微放宽，但也不要大意，不再赘述。

71. 幼菇期管理的重点是什么？

第一，保持菇棚内的较新鲜的空气条件，控制二氧化碳浓度在 0.05%左右；第二，保持温度的相对恒定，尽量降低昼夜温差。

72. 成菇期怎么管理？

较之幼菇期，成菇期的管理可以粗放一点，但是，仍不允许有较强风流掠过畦面，以免产生"花脸菇"。

73. 成菇期管理的重点是什么？

第一，加强水分管理。可以保持较高的空气湿度。

第二，加强通风管理。由于子实体的增大，需要的氧气量相应的增加，故应适当提高通风量。

74. 如何掌握鸡腿菇的适时收获时期？

鸡腿菇的适时收获期，一般应掌握"七八分熟采收"，但是，应根据出菇季节和自然温度等条件进行适度调整，而不可以死搬硬套。比如，春季气温由低升高，采收后进入市场的环境条件就是温度高于菇棚，因此，适当的早采是必须的应对措施；而秋后的菇棚温度则高于外界，即时七八分熟采收，运输以及进入市场时的温度也低于菇棚，老化速度慢，不会发生大的问题。

75. 鸡腿菇什么成熟度采收为最合适？

虽然理论上要求掌握"七八分熟采收"，但是，从采收、整理、降温、分级、运输、包装、上架直到消费者的餐桌上，即使地产货最快也要半天时间，如果产地在 100 千米时，最快也要 1 天时间，也就是说，早上采菇，运到 100 千米外卖场后，直至端上消费者的餐桌上，最快也是晚餐时间了。鉴于此，我们经过反复研究和分析，认为：鸡腿菇采收五成熟的子实体较为合适。

76. 采菇前需做哪些准备工作？

第一点，检查和准备采收工具等。

第二点，将采收和运输工具等进行洗刷消毒，包括割刀、菇筐等。

77. 采菇后需要做哪些工作？

完成采收后，除继续保持通风外，并应继续下述工作：

首先，削掉鲜菇基部所带杂物，保持菇品的洁净度，并随之装箱（筐）；有条件的可置于冷库中冷却，待冷却后再予装车。

其次，清理采菇面，包括去掉菌索、菇柄基部遗留组织等，并用覆土材料填充凹陷处。

第三，收拾地面杂物，包括菇脚、边角死菇以及带下的基料等，清理干净，运至离棚较远处，统一处理。

第四，对菌畦补水，同时补充三维精素营养液等营养物质，使之进入菌丝休养期。注意要点：喷淋三维精素营养液后，随即喷洒适量清水，将营养物质镇压到基料中，并同时清洁畦面，以免招致杂菌病害。

78. 收获一潮菇后如何补水？

对菌畦的补水，应采取慢补、补足的方法，每天喷水 1~3 次，根据基料失水状况连续喷洒数日，以基料的含水与播种时基本持平为度。注意要点：补水不要过多。

79. 收获一潮菇后如何补肥？

详见本节 77 中的"第四"等类内容，不再详述。

80. 潮间管理的重点是什么？

主要有以下三项工作重点：

第一项，清理和整理畦面，补水补肥，使菌丝休养生机。

第二项，密闭光照，适当通风。

第三项，间隔 3～7 天喷洒一遍杀菌药物，以防病害趁菌丝弱势而侵入危害；并根据温度和虫害发生状况，在潮间抓紧用药如氯氰菊酯等予以杀灭。

第六节　病害问题

1. 鸡腿菇栽培病害分为几个类型？

实际生产中，基本有四大类病害对生产发生危害，只有分清辨明，方能对症下药，否则，将会乱治一气，盲目用药的后果是花费不少、成本很高、病害依然、损失很大、残留很高。四大类病害主要如下所述：

第一类，细菌类病害。典型表现为病原菌大多没有菌丝；基本表现为菇棚内臭气较重，子实体表面腐烂，多呈黏糊糊的状态；但也有个别的细菌性病害并无臭味。

第二类，真菌性病害。典型表现为生发菌丝和孢子，但多数菌丝并不被注意，人们大多注意的是其孢子，如人们平常所说的红的、绿的、黄的等，就是指的该种病原菌的孢子的颜色。基本表现为棚内一般并无臭味，或者只有淡淡的霉菌味，但在菌袋上会变现为上述的不同色泽，或者在子实体基部长出菌丝，表面与平菇菌丝相似或略淡；个别的真菌也不长菌丝和孢子，如酵母菌等，但是，该病原菌表现为特殊的酒酸味，与其它的菌类有明显的区别。

第三类，子囊菌类。这是迄今为止预防难度大、尚无有效药物可以杀灭的病害之一。与真菌型病害相同，该菌也有菌丝和孢子，但是，明显表现为活力强、传播速度快、危害更加严重，如鸡爪病、地碗菌等，在鸡腿菇栽培生产中，最严重的当属鸡爪病，可以认定为是"鸡腿菇专有癌症"，一旦发生，畦面上将会出现一丛丛棕褐色珊瑚状子实体，常规药物基本无效——希冀科研、教学及相关企业发扬协作精神，将之列为共同课题，抓紧研究出相应的防治办法，或研制出有效药物，为食用菌产业化的顺利发展保驾护航。

第四类，生理性病害。该类病害，纯属客观原因如环境等因素或者管理失误所致，实际上与操作者的技术水平密切相关，但绝对不是侵染性病害，只要找出原因后，改进或强化管理，下潮菇即可消除该类症状。

2. 主要有哪些细菌性病害？

鸡腿菇生产中的细菌性病害，表现得比较轻，或者是覆土原因，细菌性病害难得表现？也可能是一旦感染细菌后真菌性病害会随之而来，而将细菌问题掩盖？生产中主要发现一些诸如腐烂病之类的病害，但多为细菌真菌的交叉感染，而尚未发现单独细菌感染的病症，尚待进一步深入研究。

3. 细菌性病害有何主要症状？

主要表现为菌盖顶部呈黏黏糊糊状态、菌柄基部及周边会有莫名的污染斑块等，腐烂现象不突出。

4. 细菌性病害的防治有何原则？

对于食用菌细菌性病害，我们的防治原则是：预防为主，防治并重。我们的防治措施是：加强通风，宁干勿湿。

5. 主要有哪些真菌性病害？

鸡腿菇生产中的真菌性病害，与发菌期间的污染真菌品种基本相似，即便是表现最为突出的"圆圈病"，也是石膏霉，而该真菌品种在发菌期间也是多有发生，只是不（无法）表现为圆圈状罢了。

6. 真菌性病害有何主要症状？

比如圆圈病，直接就是赤裸裸的类似探照灯光在上方或斜上方照射在地面上的视觉，褐色的畦面上，大小不同地分布着若干个白色或黄白色的圆圈或椭圆形，其色泽是由粉末状的物质构成的视觉效果，如同撒施的石灰粉。20世纪90年代，山东等地的菇民将之称为"探照灯光病"，十分形象。该圆圈内，基本不会发生新的菇蕾，尤其不会有正常出菇的态势，即使原有的幼蕾，发育也很不正常，给生产结果带来的负面影响较大。

7. 真菌性病害的防治有何原则？

对于食用菌真菌性病害，我们给出的防治原则是：预防为主，防治并重。我们给出的防治措施是：预防用药，密切观察；一经发现，彻底清理。

8. 主要有哪些子囊菌病害？

子囊菌病害在鸡腿菇的栽培中，主要有鸡爪病（鸡爪菇、珊瑚菌、叉状炭角菌）、地碗菌（盘菌病）、鱼籽病（鱼籽菌、白粒霉），子囊菌病害在鸡腿菇生产中属于"癌症病害"，目前尚无有效药物可用，只待菌业内外人士共同努力，研究出有效方法或药物。

9. 子囊菌病害有何主要症状？

鸡爪病：菌丝阶段肉眼无法辨认，菇床只是表现为迟迟不出菇，表面有些许灰白色菌丝出现，极易误认为是鸡腿菇气生菌丝；其菌丝成熟后，即可在菇床上长出棕褐至暗褐色珊瑚状子实体，丛生，形同"小刺猬"，剖料观察，可见其基部菌索极为粗壮，直达料底，手拉其菌索韧性较大；菌索着生处鸡腿菇菌丝仍不减少，但由于该病菌具有较强的生长优势，抑制鸡腿菇菌丝不再发生菇蕾，危害性极大，而且发生极为普遍。另据介绍，该类病菌的菌丝是"插入"鸡腿菇菌丝体中形成危害的，所以，一旦染上该病，鸡腿菇便不会再出菇；对此观点，我们限于条件，尚未进行相关研究。

地碗菌：形如碗状，色泽与木耳相似，耳片较之黑木耳要厚，质地脆，有"假木耳"之称，又称盘菌病；主要危害鸡腿菇畦床，一旦发生，便会不分潮次，密密麻麻地发生，大小不等，直有前赴后继、家族旺盛之景象，盘菌发生之地，出菇很少或不再出菇，也可发生在四周的棚墙上。

鱼籽病：发病初期往往不被注意，但至发病中期，鸡腿菇菌丝迟迟不能吃料，甚至有所"退菌"，剖开料床检查，可见料内有许多如小米粒般大小的白色的球状物，即其闭囊壳，有的甚至成堆发生，严重时料内根本没有鸡腿菇菌丝，并发出难闻的腐烂气味，为数不少的生产中出现发菌缓慢、菌丝迟迟没有进展或者发生"退菌"现象时，该病菌的侵染比例约占 40%。

10. 子囊菌病害的防治有何原则？

对于子囊菌病害，我们给出的防治原则是：预防为主，防治并重。我们给出的防治措施是：预防用药，密切观察；一经发现，坚持拔除；尽早处理，防止蔓延。清理菇棚后，将菌糠废料进行高温发酵处理，杀死病原孢子，然后用作大田基肥。

11. 病害预防有何农业措施？

病害预防的农业措施，主要有生态预防和生物预防等，前者主要是指生产场地以及环境符合相关标准要求，具体可根据生产品种、生产的级别以及销售市场的要求、参考相关标准进行选择和设置以及处理。如生产绿色鸡腿菇，则应根据"绿色食用菌生产"的相关标准进行设置和处理。后者多指采用生物的"以菌抑菌、以菌杀菌"，比如高温放线菌可以抑制木霉等大多数杂菌的萌发和繁殖，又可在自身的繁殖扩大中杀灭大多数的杂菌。

12. 病害预防有何物理措施？

物理措施主要有以下几点：
（1）生产区应远离养殖场、垃圾场、粪肥场、化工厂和选煤厂、矿山等产生粉尘的企业以及医院等污染较重的单位。
（2）清理菇棚以及场区卫生。
（3）清理环境卫生。
（4）对企业自己的仓库、厕所等进行封闭和无害化处理。
（5）对菌种制作与储存、菌袋培养、出菇等场所封装防虫网，以防虫类进入传播病菌。

13. 病害预防有何化学措施？

预防病害的化学措施比较多，应根据生产季节和产品级别，选择化学方法和药物品种，而不要盲目。

（1）药物闷棚　一般的措施是：百病傻和赛百 09 各喷一遍，喷药后卷起草苫等覆盖物，令其高温晒棚，使药物成分在最短时间内达到最高作用与效果。

（2）石灰粉覆盖地面　待菇棚的灌水渗入地下、地面可进入时，按照每平方米面积 25 克左右的用量撒施石灰粉，随即密封菇棚。

（3）喷药预防　发菌和出菇前及潮间，根据病害杂菌基数和温度状况，每 3～7 天喷施一次百病傻 400 倍液或 300 倍赛百 09 溶液，注意两种药物应交替使用，不可混。

（4）潮间用药　每潮采收结束后，应在清理料面、棚内卫生的基础上，喷洒百病傻和赛百 09 溶液各一遍，然后进入菌丝休养阶段。

（5）出菇结束后集中用药　集中用药可于出菇结束后即时喷洒，也可在菇棚启用前一次性处理。

14. 杀灭病原有何物理措施？

根据我们的研发经验，目前杀灭病原菌最有效的物理措施主要有二：一是日晒雨淋，令其在大自然中死亡；二是高温灼烧，基本方法是，将菇棚的架杆、塑膜等拆除，秸秆类堆放于棚体四周及地面，点燃后利用焚烧的热量将病原杀死；随后将灰烬均匀翻进 20 厘米土层中。

15. 杀灭病原有何化学措施？

除参考本节 13 等相关内容外，发现病害后，应立即将发病区域包括子实体进行挖除，清理出菇棚，然后在棚内地毯式喷施百病傻等药物，并加强通风；对挖除后的新料面以及感病区周边特别喷洒 100～200 倍赛百 09 溶液等药物；将清理出棚的感病基料进行发酵处理，不可随丢乱弃，以防形成新的病源。

16. 鸡爪病如何防治？

又称鸡爪菇、珊瑚菌等，病原菌是叉状炭角菌，属侵染危害专一性极强的鸡腿菇特有的子囊菌病害，迄今为止，尚未发现其对其它食用菌品种形成危害。

发生规律：该病菌孢子的生活能力很强，可长期于土壤及有机物中存活，一旦条件适宜，即可迅速形成危害。据资料，22℃以上温度条件是该病害发生的重要条件，但近年生产中发现，即使仅有5~8℃条件，仍可发生并形成危害，说明其生存能力非一般病菌可比。据研究分析，该菌主要是通过覆土材料和基料播种阶段形成侵染的，由于鸡腿菇不覆土不出菇的生物特性，所以，严格处理覆土材料是主要的防范手段之一。主要防治措施如下：

（1）清理环境及菇棚　可采取灼烧、换土等方法，整好畦床后，喷施20~30倍蘑菇祛病王并密闭菇棚，以抑制或杀灭残存孢子的活力。

（2）严格处理覆土材料　对草炭土使用60~80倍蘑菇祛病王拌匀后堆闷，对自配腐殖土类加大用药量50%左右，就地取用覆土时发生鸡爪菌的概率太大，一般不予提倡。

（3）播种环境加强消杀　拌料及装袋播种场所，扩大20米范围清理卫生后，先行兑配500倍多菌灵敌敌畏混合液进行喷洒，次日再撒施石灰粉，然后再行拌料播种等操作。

（4）管理期间规范用药：发菌及出菇期间，每5天喷洒一遍80倍蘑菇祛病王，病害发生严重区域，可改为3天左右；菌柱入畦前，棚内按每平方米面积150克左右用量撒施石灰粉。

（5）发现有鸡爪菌子实体刚刚形成时，立即将其着生基料扩大5~10厘米范围连同覆土材料全部清理出棚，予以焚烧或深埋处理；也可采取开水浇烫其子实体的办法，将其发生处四周围土形成凹圈，快速浇入开水即可将其烫死，但是，要确保其菌丝体死亡，则必须保证料下温度达到70℃以上。

近年研究发现该病害有一个规律，就是栽培管理的时间越长，病害的发生及危害程度越是严重，而目前大多采取秋季始栽、直至翌年初夏才结束出菇的生产模式，给病害的发生创造了极为有利的时间条件。因此，尽量缩短栽培周期，是防止病害发生和减轻危害程度的重要手段。实践证明：采用"鸡腿菇二次出菇技术"，可在很大程度上有效解决该病害的发生问题，具体技术操作可参考《绿色食用菌标准化生产与营销》等书的相关内容，本书不再赘述。

17. 圆圈病如何防治？

圆圈病，又名白色石膏霉、石膏霉等。病原菌是粪生帚孢霉菌，属真菌类病菌。其菌丝不易引起注意，但当其菌丝生理成熟后，即在菇床上出现圆形或椭圆形病斑，并会着生一层白色粉末状物，如同撒上的石膏粉，菇民形象地称之为"探照灯光病"，病区极少出菇或不出菇；其孢子传播速度较快，病斑圆圈不断外延扩大，圈内白色霉层逐渐老化变为黄褐色或消失，外圈仍为白色，此时才形成"圆圈"。

发生规律：该病菌是一种较典型的土壤习居菌，也可在植物残体上长期存活，性喜碱性条件，10℃以上及较高湿度和通风条件差、基料 pH8 以上时，发病迅速，而且传播速度较快，尤其基料发酵过熟、碳氮比偏低时，发病尤为严重。主要防治措施如下：

（1）科学设计配方，使之碳氮比控制在 30：1 左右即可，并调配食用菌三维营养精素，使基料营养全面均衡，以增加菌丝的抗性。

（2）菇棚及发菌管理期间的预防性用药，参考前述相关内容。

（3）菇体上发现异常菌丝时，立即予以挖除覆土，并喷洒 0.5％稀盐酸溶液或直接撒施克霉灵粉，然后覆盖新处理土。

（4）发现和处理稍晚时，在挖除覆土后，可撒施过磷酸钙，并兑配 7 倍食醋溶液浇洒，抑制效果不错。

18. 鱼籽病如何防治？

鱼籽病，又称鱼籽菌、白粒霉等。病原菌是白粒霉，属子囊菌类，一般多危害畦床栽培品种，如鸡腿菇、双孢菇、姬松茸等，但近年发现袋栽食用菌亦可发生。

发生规律：该病菌为寄生性，但同时竞争性又很强，主要通过基质原料进入菌袋或畦床，在 10℃ 以上条件时即可形成危害，近年山东地区鸡腿菇、双孢菇等生产中受其危害不小，主要发病原因是基料堆酵不匀，如翻料次数过少，使基料生熟度不一，原料内存活的病菌不能通过高温发酵致死，基料水分过大导致通透性差时，也可诱发该病，此外，pH 值过低也是发病的重要条件。主要防治措施如下：

（1）严格选择原料，不使用疫区原料；配料前先行暴晒处理。

（2）科学调配基料营养及水分。

（3）发病后及时剖料检查，如发病初期，可对畦床灌注 2% 石灰上清液予以抑制，至后期时则应行清料处理，并将病区重喷赛百09 溶液，以防残存病菌再度侵染。

（4）属于基料含水率偏高的，应进行"抓料、撬料"等处理，具体可参考本系列的"双孢菇"等相关内容，不再赘述。

19. 地碗菌如何防治？

地碗菌，又称圆木耳病、假木耳等，其病原菌是疣孢褐地碗菌，属子囊菌类病害。

发生规律：中温、潮湿条件下，该病菌几乎可危害所有食用菌，但以覆土栽培品种为重。其病菌可长期存活于土壤及有机物上，其孢子可随覆土材料、原料及气流等进入菇棚，温度稳定在 15℃ 以上、相对湿度较高的条件下即可发生，尤其菇床边角发生后不予处理，其弹射的孢子可继续形成危害，从而危害生产。主要防治措施如下：

（1）参考本节鸡腿菇鸡爪病等相关内容进行预防处理。

（2）发现豆粒般大小子实体时及时摘除并焚烧或深埋处理。

20. 褐顶菇如何防治？

褐顶菇，典型的生理性病害，鸡腿菇特有的病害表现：子实体、个头等均正常，但其顶部色泽呈水渍状褐色或土褐色，鲜售时降低其商品价值。

发生原因：一是棚内湿度偏高；二是喷水时有水直接喷到子实体上；三是棚温偏低。

主要防治措施如下：

（1）控制棚内的空气湿度在 85%～95% 之间，不可均恒保持 95% 左右的水平，尤其不可达到 100%。

（2）保持相对稳定的温度条件，尽量不要低于 10℃，如低于 8℃时极易发生该症状。

（3）棚内用水应以浇灌作业道、喷洒墙体为主，收完一潮菇后，可浇灌畦床，但要控制用水量，不可对子实体直接喷水。

21. 花脸菇如何防治？

花脸菇，又称花菇、花脸蘑等，典型的生理性病害，或称畸形菇也可，主要表现为鸡腿菇子实体顶部形成一层糙皮，白色，不规则裂口，状似香菇中的花菇，严重影响商品质量。

发生原因：现蕾阶段条件适宜，发育正常，但此后幼菇阶段却突遇强风袭击，棚内湿度突降，菌盖顶部先行受害，表皮组织死亡，但其皮下组织细胞仍在继续分裂、生长，于是，顶破表皮，形成裂顶。详细原理请参考本系列"香菇"一书中关于"花菇"等相关内容，本书不再赘述。但是，香菇中的花菇是香菇的极品，而鸡腿菇中的花菇则是鸡腿菇的下品，二者的商品价值绝对不可同日而语。

主要防治措施如下：

（1）保持相对稳定的湿度条件，避免强风袭击。

（2）发生裂顶之后，在允许的规格范围内，尽量早采收，使用粗棉布可将其裂顶搓掉，露出新的菌盖组织，基本不影响销售。研发中我们曾新购偏软质的搓澡巾对其进行"搓皮"加工，效果很好。

22. 鱼鳞病如何防治？

鱼鳞病，常见生理性病害之一，又称大鳞片、毛刺病等，典型的低湿度、高温度、老化菇的表现，主要症状就是菌盖上的鳞片较大，甚至外翻、上翘，显得商品性很差，如同野生的鬼伞即将老化或刚刚开伞后的表现。

发生原因：子实体达到八成熟及其以上的成熟度，菇棚的空气湿度偏低，甚至呈相对干燥状态，并且，棚温显高，更是加重该病害的发生概率并加快了蔓延速度。

主要防治措施：

（1）尽量早采，尤其温度偏高的季节。

（2）尽量保持较适宜的棚湿，勿使干燥。

（3）采取措施降低棚温，是治本之道。

23. 沟底菇如何防治？

沟底菇，就是从横卧栽培的菌柱靠近畦底处长出的子实体，典型的操作技术问题，根本原因就是覆土材料不合适，或者覆土操作马马虎虎，没有将覆土沉实，使得横卧菌柱的半径以下呈悬空状态，底部生出子实体后，弯向长出畦面，并且普遍势头较猛，子实体呈扁圆状，个体粗大，最大的甚至超过300克，鲜销的商品价值很低。

主要防治措施如下：

（1）横卧栽培时，覆土材料尽量偏细一些。

（2）覆土操作时，采取逐渐填土的方式，先将覆土材料填至菌柱底部，再逐渐填满上部，而不要用大量的土一下子埋在菌柱上，否则，就会容易造成悬空。

（3）出现沟底菇后，立即将菌柱扒出来，并清理畦底周边的覆土，采下子实体后，再重新将菌柱栽埋进去，重新覆土、喷水，使覆土沉实。

24. 如何防治小帽菇？

小帽菇，又称大屁股菇，温度较低条件下的特有病症，或者，可视为是一种畸形菇，该种问题菇的菌盖非但小，而且多会在生长后期生命力很弱，严重者甚至死亡，成为"独杆菇"。根本原因就是棚温（空气温度）较低，一般应该在8℃以下，而覆土层及其以下（地温）温度尚可，因此，已经现蕾的子实体便可艰难缓慢地生长。该种菇品的商品价值很低，但可做深加工的原料。

主要防治措施如下：

（1）采取措施对菇棚升温和保温，只是要保证12℃及其以上，即可有效避免小帽菇的发生。

（2）有条件的可以同时对覆土层及其以下进行增温，以使鸡腿菇长得更加舒展，提高其商品价值。

25. 如何防治早开伞？

早开伞的基本表现就是，子实体还没有充分长大，菌盖就提前开伞并自溶，早开伞的根本原因是温度高尤其当棚温达到25℃时，子实体看似仅有三四成熟就能开伞，令人措手不及；一旦开伞，鸡腿菇便失去商品价值，只能做深加工原料。20世纪90年代，山东等地的乡镇成建制的发展鸡腿菇，当大面积出现问题后，我们应邀前往指导病虫害防治等问题时，发现每个菇棚进出口附近都有不少丢弃的开伞菇，问其原因，答曰是"加工点不收"，实际上，这就是没有相应配套加工的原因，否则，即使开伞，菇民也会有相当的收入，不至于直接丢弃。

主要解决措施如下：

（1）尽量早采，赶在开伞前采收，即可有效避免该问题。

（2）安装相应的降温装置，将温度降至20℃左右，不但可以避免早开伞，而且可以产出更优质的菇品，提高生产效益。

第七节　虫害问题

出菇期间的害虫防治，与发菌期间的害虫防治有所不同，有的虽然是同一品种或种类，但其危害形式、危害后果等不同，尤其牵涉该阶段为子实体生长或产品收获时期，因为药物残留等诸多问题的制约，因此，防治措施更要谨慎，防治工作更要细心。

1. 鸡腿菇栽培中什么条件导致虫害高发？

鸡腿菇栽培中的虫害很多，按危害程度排列，主要有菇蚊、菇蝇、螨类、跳虫、线虫类、蓟马、蛞蝓、蝼蛄以及鼠妇等，春季栽培以前五位害虫为多，秋季生产则以后四位为多。它们的基本特点是或咬食菌丝，或取食子实体，或者兼而有之。蝼蛄和鼠妇还会对覆土栽培的畦床等造成破坏。应当看到，害虫除自身具有的破坏力外，其身体尚可（无意）携带大量病原菌入棚，所到之处，即为传播地域；因此，预防和杀灭害虫，不单单是对虫害的防治，同时也是一种对病害的有效预防手段。那么，是什么条件导致虫害高发？

（1）生产场所内部 包括发菌培养室、出菇棚等场所，也包括生产场所，原曾发生过虫类危害，条件不适时或成虫潜藏或产下虫卵；待条件合适后即可很快形成危害。

（2）周边环境不洁 同时也包括生产场所以外的周边环境条件，如养殖场的蚊蝇包括菇蚊菇蝇、鸡舍或仓库的螨虫等。

（3）原料携带害虫 这是很重要的条件之一，尤其陈年原辅料，或者原料产地堆放时进入害虫等——该问题往往易被人们忽视。

（4）发酵期间进入 基料发酵期间，料堆的热量和气味诱使很多害虫进入基料，或咬食，或藏匿，或产卵。

（5）发菌期间进入 发菌期间，由于培养室的温度等条件优于室外，尤其深秋季节室外气温逐渐降低，很多品种的害虫就会寻找温暖场所，一旦封闭条件差、预防工作不到位，害虫趁机而入是很普遍的现象。

（6）出菇期间进入 这是最关键的环节，也是虫害高发环节，故不赘述。

2. 害虫危害的基本形式是什么？

基本有以下四种危害形式：

第一，咬食菌丝。出菇期间的害虫咬食菌丝，会造成二潮、三潮菇难以发生或直接不再发生，尤其可恨的是自发菌阶段进入的害虫，会对菌丝造成毁灭性的损害。

第二，蚕食子实体。如菇蚊、菇蝇等幼虫，可将子实体菌柄乃至菌盖咬噬成海绵状；跳虫、蓟马等会进入子实体菌盖、菌刺中，即使水冲也难以清除干净；蝼蛄、鼠妇会对菌畦的覆土进行破坏，使下潮菇蕾难以发生等。

第三，传播病害。各种害虫，自身不可避免地携带杂菌孢子到处传播，这就加重了病害的危害性。

第四，形成传染源。一旦该批害虫没有彻底杀灭，进入冬季感觉没有虫害了，那是它们隐匿越冬，次年的生产势必还将形成危害，并且来势更猛。理由是：首先，本地虫害的母体更容易形成群体，就地繁殖速度更快；其次，经过上批生产期间的不当用药，害虫对药物的敏感性大为降低，抗体增强，加大了本批的杀灭难度。

3. 虫害防治原则是什么？

虫害的防治原则是：预防为主，防治并重。

基本防治措施是：第一，提前采取设施预防加药物预防措施；第二，发现虫害后用药要到位，一次性彻底杀灭；第三，不留任何废料堆放于露天场所，以免成为害虫滋生源；第四，出菇结束后，彻底清理菇棚，严格进行消杀，勿使漏网之鱼有生存藏匿的条件。

4. 虫害防治有何农业措施？

虫害防治有三大农业措施，这是很重要的基础。

第一，远离虫源地，如养殖场、垃圾场、粪肥场等。

第二，破坏掉原有的虫源地。

第三，设立隔离带。

5. 虫害防治有何物理措施？

虫害防治的物理措施，主要有以下几点：

（1）清理环境卫生，切断外界害虫进入生产（制种、发菌、出菇）区的通道。

（2）清理菇棚以及场区卫生，使生产场区内没有害虫赖以生存的物质条件。

（3）对场区内的仓库、厕所等进行封闭和无害化处理。

（4）对菌种制作与储存、菌袋培养、出菇等场所封装防虫网，以防虫类进入。

（5）一经发现，即时予以彻底灭杀。

6. 虫害防治有何生物措施？

在食用菌生产中，至今尚无"生物治虫"一说，应该是相关研究不到位的缘故，农业种植上早已实现，除转基因防虫以外，还有比如以蜂治虫、以螨治螨等，但在食用菌生产中，虽有极少的资料提及"以螨治螨"的概念，但同时却对"灭尽害螨后，有益螨如何觅食"有所担心，期待相关研究能够尽快突破该瓶颈，让食用菌生产也与大农业种植一样，尽快实现生物治虫。

7. 预防虫害有什么药物？

食用菌生产中，专门用于预防虫害的药物极少，多为防治兼用型的。

预防用药现仅有一个品种，还不是商品药物，只能自制自用，即高效驱虫灵：专门驱避菇蚊菇蝇的生物类药物，由于储存期短（仅有三个月）、不便运输等，目前尚无专业生产企业愿意生产。

防治兼用型药物较多，主要有以下几种。

辛硫磷：杀灭地下害虫，灌水、拌料均可。

毒辛：作用与辛硫磷相同，但可喷洒地表。

氯氰菊酯、高效氯氰菊酯：根据药物含量和说明配兑、喷洒，一般约掌握 1000～1500 倍。

阿维菌素：拌料，可有效预防螨类害虫。

8. 杀灭虫害有什么药物？

杀灭虫害与预防虫害的药物基本相同，可参考本节 7 等相关内容。

此外，杀灭一切害虫及其虫卵的药物为磷化铝。

特别说明：所有杀虫药物的使用，均应根据所产食用菌产品的级别和市场要求等，按照相关规定或标准进行选择，绝对不允许乱用药，尤其有机磷类剧毒农药，一律不得用于食用菌生产中。

9. 菇蚊菇蝇类的危害有何特点？

菇蚊菇蝇类害虫，其成虫的危害性不大，问题在于其幼虫，钻入子实体或基料，咬食菌丝即子实体，表面喷药几乎无济于事，令人头疼得很。具体表现是基料中的菌丝逐渐消失，取而代之的是黄褐色的粉末状覆盖在表面；此后，偶尔出来的幼菇很快萎蔫死亡，检查该菌柄，发现已是海绵状的空心。这就是菇蚊菇蝇类害虫为害的基本特点。

近年发现：菇蚊菇蝇类害虫可在较低温度下生存和繁衍，据2002年、2003年、2004年连续三年的定点观察，最低气温0℃左右时，在办公大楼的南面，废菌袋的垃圾堆中，尚有部分菇蚊成虫，并且较为活跃；2003年12月，有一次打开菌袋基料，竟然发现尚有数头幼虫。我们分析，除当年气候比较温暖外，该地背风向阳的环境给了害虫一个适宜存活的条件，并且，垃圾堆自身尚有部分产热，估计夜间温度降低时，成虫将会深入垃圾深处，只是白天艳阳高照时才回到表面活动。该观察结果提示我们：害虫会在被驱杀的环境中学会生存，并在该过程中不断进化，完善其抵抗和适应环境的能力。

10. 如何预防菇蚊菇蝇类发生幼虫？

驱避第一：高效驱虫灵，一种生物药，驱避成虫；成虫不来，幼虫便无从谈起——绝对的无毒无残，建议作为首选。

杀灭第二：发现有成虫进入，立即喷洒适量氯氰菊酯1000～1200倍液予以杀灭，不允许成虫在菇棚过夜。

11. 如何杀灭菇蚊菇蝇类的幼虫？

长期以来，我们的试验和生产也是同样受到菇蚊菇蝇类害虫的危害，根据试验结果，对待料内的幼虫，最有效的办法有以下三个：

第一种方法是石灰水溶液浸泡菌袋。使用2%石灰水溶液浸泡菌袋20小时，即可将其基料内的幼虫全部杀灭。

第二种方法是药物浸泡菌袋。采用2000倍氯氰菊酯溶液浸泡菌袋，一般 10 小时内即可完全杀灭。

第三种方法是磷化铝药物熏蒸杀虫。按每立方米空间 4 片的用量使用磷化铝进行熏蒸，6 小时内即可全部杀灭。注意：该磷化铝药物剧毒，应当注意人身安全。

12. 使用磷化铝的菌棒还能出菇吗？

发生虫害尤其发生菇蚊菇蝇类的幼虫以后，表面喷洒药物无济于事，唯有浸泡菌袋和磷化铝熏杀，而多采取后者。只要熏蒸时间合理，不会妨碍菌袋出菇。

但是，如果维持时间很长，鸡腿菇菌丝就会失活；至于具体时间，我们没做过连续性的系统试验，故没有准确数据，尚待有识之士进行研究。

13. 使用磷化铝的菇品还算绿色产品吗？

使用磷化铝熏蒸的菇品，包括使用磷化铝熏蒸菌袋或菌畦后产出的菇品，虽然按照粮食管理的相关规定是可以食用的，但是，按照绿色食品管理的相关规定，使用磷化铝后的产出的菇品则不能算做绿色食品了。

14. 跳虫危害有何特点？

跳虫的特点是性喜高温潮湿，其体型极小，喜欢聚集，个体灵活，有时候跳跃到人体上，还会对人皮肤发起攻击，令人发痒或有痛感。其危害特点是咬食子实体边缘、取食孢子或者菌丝；子实体生长期间，多藏匿于土缝中、菌刺内以及菌褶内，进入厨房后根本无法洗净，令人十分烦恼。

15. 如何防治跳虫？

跳虫很不耐药，1200 倍氯氰菊酯溶液即可杀死。

16. 线虫危害有何特点？

线虫的特点是体型软而滑，令人生厌；其危害特点是聚集成堆，形成集团性危害，主要取食食用菌菌丝的汁液，令之失去水分而出菇少、出菇小甚至不出菇。

17. 如何防治线虫？

建议使用 6％～8％的食盐水溶液喷洒，只要虫体沾附食盐溶液，就会脱水而死。注意要点：喷洒食盐溶液后 2 小时左右，检查线虫死亡后，即应喷洒清水，稀释食盐浓度，以免影响鸡腿菇菌丝。

18. 螨虫危害有何特点？

螨虫自身的特点是个体极小，性喜群居，环境无论干燥还是潮湿，均能生存，适应温度的能力也很强，关键问题是繁殖速度极快。其危害特点是：集团性危害，在人们的不经意间咬食菌丝，人们还误以为是退菌，具有选择药物的特点，并且耐药力较强，一般药物不能将之杀灭。

19. 如何防治螨虫？

主要有 28％达螨灵乳油、15％杀螨灵、73％克螨特等药物，具体使用浓度可按说明书的最低浓度；如虫口密度较大，可适当提高浓度，并覆盖塑膜，以增强杀灭效果。目前，该类药物已不常见，多用阿维菌素替代。

阿维菌素可防可治，拌料及喷洒基料和畦面具有预防的作用，将阿维菌素溶液灌入菌畦，可有杀灭等效果；此外，发生螨虫危害后，还可喷洒诸如杀螨灵之类的药物予以杀灭。注意要点：喷药后覆盖塑膜配合闷熏，以强化效果。

20. 蠼螋危害有何特点？

蠼螋，性喜昼伏夜出，利用其一对尾钳在菌畦或菌墙上打洞，造成漏水，甚至可对菌柱打洞，造成菌丝大量断裂，咬食菌丝及子实体。

21. 如何防治螻蛄？

主要防治措施如下：

第一，驱避。喷洒杀虫药物予以驱避，使之不再进棚。

第二，诱杀。自配糖醋液：红糖：白酒：食醋：敌敌畏：水按 1：0.5：0.5：0.1：100 比例溶入热水中，即成糖醋诱杀，诱杀爬虫类效果很好。用法：放入浅盘中即可，每天更换。

22. 蜗牛危害有何特点？

蜗牛，与蛞蝓的危害极为相似，二者的区别是前者有壳，可以很有效地保护自己，后者则直接以软体面世，危害的方式方法相同。

23. 如何防治蜗牛？

蜗牛敌，根据含量按说明书直接喷洒，专杀蜗牛类爬行小动物；也可诱杀，具体可参照本节 21、27 等相关内容。

24. 马陆危害有何特点？

马陆，体硬如壳，适应性很强、抗性很强，还有卷曲假死等生存能力，令人十分头痛。马陆的危害是，既咬食菌丝，又蚕食子实体，一丛子实体上有一条马陆施以危害，仅需一个昼夜，即可使菇品的商品价值丧失很多，尤其是不能再作为进入超市的商品，更不能用于出口经营。

25. 如何防治马陆？

自制诱杀液或毒饵，具体可参照本节 21、27 等相关内容。

26. 蝼蛄危害有何特点？

蝼蛄，属于大型害虫，昼伏夜出，性喜在土壤中打洞，多危害覆土栽培模式的生产，有时也会在基料上打洞，使菌丝大量断裂，无法继续出菇。

27. 如何防治蝼蛄？

蝼蛄，在食用菌生产中是大型害虫，由于其爬行速度很快，而且尚能飞行，行踪不定，很难使用喷洒药物予以杀灭，可自制毒饵予以毒杀：豆饼粉和麦麸炒香，与辛硫磷配成 50：50：0.1 的比例，拌匀后，每晚放于菇棚的边角即可，如果用土将毒饵覆盖，蝼蛄可钻入土堆，不受惊吓，昼夜尽可吃食毒饵，毒杀效果更好。

28. 鼠妇危害有何特点？

鼠妇，体型不是很大，但其属于小动物类，而非虫类，农间对其多有"潮虫子、西瓜虫"等别名，但它却不是虫类。鼠妇的危害特点是咬食子实体及菌丝，虽危害性不大，但是，菇品一旦发现虫口，便难登大雅之堂，因此，不得不防之。

29. 如何防治鼠妇？

自制诱杀液或毒饵，具体可参照本节 21、27 等相关内容。

30. 为何要坚持潮间用药？

鸡腿菇的生产，与多数菌类品种相同，子实体生长期较短，一旦沾附药液，便会形成残留，尤其牵涉盐渍品加工出口，国外对我国农产品的检测项目之多、程序之严、标准之苛刻，真的难以想象，我们不能要求进口国放松标准，唯有提高产品标准来达到经营之目的，所以，在子实体生长期间不能用药，即使在基料配制中也不能使用化学药物。但是，为防治病虫害期间，在出菇间歇期，我们可以适量用药，尤其要选择一些高效低残留甚至无残留药物，以免菇品带有药物残值。即便我们的产品不做出口，仅用于国内市场，也不应该放任自流，而应一视同仁，避免药物残留。

附录 实用查询

一、专业名词释义

1. 高温药物闷棚

高温药物闷棚，是对菇棚杀菌杀虫的一种处理方式，基本操作是：在启用菇棚前，根据上一批栽培时棚内病虫害的发生情况，喷施 300～500 倍百病傻溶液和 200～300 倍赛百 09 溶液（注意：二者应单独、交替喷洒，不可混合使用），予以杀菌，并可在百病傻溶液中掺混诸如辛硫磷、速灭杀丁或氯氰菊酯等杀虫药物；用药间隔 1～2 天，阴雨雪雾天气间隔 3～4 天；喷药后，堵塞通风孔、密闭进出口等，并揭掉棚膜上的草苫等遮阳覆盖物，每次喷药后使之晒棚 1～2 天。

高温药物闷棚的目的：第一，高温条件下，药物分子更加活跃；第二，尽量短的时间内充分发挥杀菌杀虫作用；第三，降低或消除药物残留。

2. 完成基本发菌的概念

完成基本发菌的概念是：出菇菌袋的菌丝培养期，菌丝全部占领菌袋表面，也就是一般常说的"发好菌了"，其实，这只是完成发菌的初期，这就是完成基本发菌。

传统技术的操作管理，是在完成基本发菌后，则令其尽快出菇，新技术则要求从此即进入"菌丝后熟培养期"，使之继续发菌，意在增加基料中的菌丝数量，更多地积蓄生物能量，以使其一旦出菇则呈爆发之势。

3. 菌丝后熟培养的概念

菌袋（菌棒前身）完成初步发菌后，不急于安排或刺激出菇，而是将之置于偏低温度等条件下进行继续发菌，一般经约 15 天左右的后期发菌，即为菌丝后熟培养。

菌丝后熟培养的目的，是使菌丝在不适合出菇的条件下继续进行营养生长，更多地分解基料、扩大生物量，为出菇奠定优厚的物质基础。以平菇为例，一般来说，低温菌株约需 5℃及其以下、中广温菌株约需 10℃及其以下、高温菌株约需 15℃左右的温度条件，以及偏低的湿度条件，此外，自始至终保持避光环境是后熟培养的关键点，从菌袋开始发菌为起点，即应掌握避光，以免菌袋接受光照刺激。

关于菌丝后熟，有几点问题需要说明：

第一，欲达到爆发出菇的效果，菌丝后熟培养是必经之路。

第二，后熟培养没有严格的时间限制，有的在自然（冬季低温）条件下可以达到 30 天以上，如在人工控温条件下，可以掌握 15 天左右。

第三，后熟培养的操作，在合理调配基料营养的基础上进行为佳，否则，即使达到了后熟培养的时间要求，也会因营养缺乏（缺素）问题，使得基料营养不全面、不均衡，而很难达到爆发出菇的设计效果。

第四，根据品种或菌株的生物特性掌握后熟培养的温度和时间，不要千篇一律。比如高温菌株可控温在 20℃以下、掌握 15 天左右，而低温菌株则应调至 5℃以下、掌握 15 天左右，而不是一律的哪个温度数字；自然条件下的后熟培养，多予安排在最高气温 9℃左右，如东北地区的霜降后至清明节以前，河北、山西等地的立冬至春分前，山东、河南及苏北、徽北等地区的小雪至惊蛰前后，南方地区气温普遍偏高，应根据季节做出具体生产计划，不可盲目效仿某个资料的操作时间要求。

4. 郁闭度

林内郁闭度是指森林中乔木树冠遮蔽地面的程度，它是反映林分密度的指标，以林地树冠垂直投影面积与林地面积之比表示，完全覆盖地面的林内郁闭度为 1。[根据联合国粮农组织规定，郁闭度达 0.20 以上（含 0.20）的为郁闭林，0.20 以下（不含 0.20）的为疏林（即未郁闭林），其中一般以 0.20～0.69 为中度郁闭，0.70 以上为密郁闭]。

如果栽培木耳类品种，可在任何郁闭度的林下进行；香菇类的室外露地栽培，以郁闭度 0.20 以上，不高于 0.50 的林下为佳，子实体抗旱性较差的如鸡腿菇、双孢菇等进行林地栽培时，郁闭度应在 0.40～0.70 为好，气温越低，郁闭度也可相应降低；子实体对鲜活度的要求越高、含水率越高的品种，如草菇、鸡腿菇等，要求的郁闭度越高。

5. 滚动组方

我们在多年的研发实践中发现，食用菌生产中，各种病虫害随着不断接受药物而不断增加抗性，因此，首次使用有效的药物，往往在第二或第三年使用时效果变差，这是一个规律性的问题，因此，我们在具体实践中，根据温候（气象等）状况和病虫害发生预测等，对药物适当进行组方调整，并进行先期试验以验证其效果，以求得大面积中试或推广的最佳效果，这就是我们所谓的"滚动组方"。在这个体系中，如果不改变药物的形态（基本物理形态）以及使用方法，则维持其原来的名称；如果改变其形态或者增减用法及其用量后，其名称往往亦随之变更。

6. 湿度

指相对空气湿度。一般干湿计上多附有湿度查对表，使用方法为：干表读数减湿表读数为其湿差，然后在查对表横栏找出湿差读数，在左栏找出干表读数，二读数连线相交处数字即为湿度，用％表示。现在市场上有"直读式湿度计"，可以自动显示场所湿度数字，使用更加方便。

两种湿度计各有其利弊，前者的价格低廉，但两只温度计必须准确一致，并且，必须保持湿度表的湿润，否则无法测出准确的湿度，而且需要查表才能知道湿度数字，使用较为繁琐；后者直接读数，一目了然，使用方便，但其价格较高，在菇棚中使用，与环境好像有点不太协调。

7. 菌种脱毒

采用系列生物措施除去菌种携带的病菌病毒，使菌种恢复原来的生物学特性。现在采用的"四循环微控脱毒技术"进行脱毒，效果较好。

8. 播种量

一般指生产中实际使用菌种数量与所播基料之比，严格来说，应以播种率（%）表示，此其一。其二，菌种指湿重，基料则以干重计，生产中已约定俗成，沿用下来。

9. 兆帕（MPa）

法定压力单位。过去灭菌压力一般用千克/平方厘米表示，为与国际计量接轨，现一律改为帕（Pa）或兆帕（MPa）。一般高压灭菌压力在 0.15～0.2 兆帕（MPa）之间。

10. 勒克斯

lx，光照强度单位。

11. 消杀

消毒杀菌杀虫的简称。

12. 生物学效率

这是一个常用的并且较易混淆的概念，日常生产中，说明产出蘑菇数量的词汇主要有三个，即产量、生物学效率、生物转化率。

产量：含义比较清楚，无论单位面积产量还是总产量等，不容易被曲解。

生物学效率：是指单位数量的培养料（风干，下同）所产出的培养物的干重与该培养料的比率。但现在生产上约定俗成的多将鲜菇作为培养物，即指每个单位的风干料所产出的鲜菇与该料的比率。如 1 吨原料总计产出鲜菇 1.5 吨，则该批生产的生物学效率为 150%，但在某些以干品为最终培养物的品种上，仍以干重计，如灵芝等。

生物转化率：指单位数量的培养料在完成培养物的产出以后，因产出而使培养料被转化掉的物质数量与原来培养料的比率。

13. 料芯

料堆底部约 30 厘米以上、圆形料堆中间直径约 30～50 厘米的基料，为该料堆的料芯。

14. 厌氧区

除料芯外，继续延伸到料底的基料，为发酵厌氧区。

15. 高温区

基料堆积发酵时，料表 20 厘米以下、堆底 20～30 厘米以上的基料，温度最高，即为高温区，该区域不包括厌氧区。

16. 干料区

与边料基本相似。料表部分厚度约 10 厘米的料，由于风吹日晒的自然散失和料内高温的向上蒸发，使得基料水分大量流失，即形成干料区。

17. 高水区

即底料区。

18. 床基

草菇、双孢菇类品种栽培时，修建的略呈龟背形的畦体，为区分和书写以床基称之。

19. 品温

大多指菌袋内部的温度，以℃表示，有时也称畦床直播栽培时的料温。

20. 木桶理论

使用若干块木板组合木桶时，该桶的盛水量取决于最低的木板，该理论尤其在营养教学和科研中提及的较多。

21. 塑袋规格

正规生产企业产出的用于食用菌生产的菌袋，无论使用聚丙烯还是聚乙烯材料，大多以筒料形式供货，其规格均以该筒料（双层）的扁宽（毫米）乘以单层的厚度（毫米）表示，如250×0.03规格即表示该筒料扁宽250毫米、单层厚0.03毫米，实际上该筒料的周长500毫米，菇民习惯上大多则称其为"扁宽25的袋子"，或简略为"25的袋子"。

22. 接种率

同用种率，以受接料的干料为基数，以菌种的湿重为比数。如在10千克干料（湿料约25千克）上接入菌种（湿量）2千克，即其接种率为20%，是一个相对数字。

23. 播种量

可以是该批投料的用种数量，也可以是单个菌袋的用种数量，是一个绝对数字。如某批投料生产的用种为800千克，或这个菌袋用种30克等。

24. 剔杂

发菌过程中，几乎不可避免地会发生杂菌污染等问题，尤以夏秋季的生产为甚，故在该过程中需不断进行检查，发现污染菌袋，立即取出培养室进行处理，习惯上称为"挑菌种"或"挑菌袋"。

25. 回接

生产中出现菌种接种后不萌发，或栽培接种后不成活等现象，为了分析其原因，往往将该菌种再转接回 PDA 培养基上，试验并确认其活性，称为回接。

26. 品种

遗传性状具有稳定性、一致性的栽培群体。如香菇品种、平菇品种等。

27. 菌株

食用菌一个品种中的、在若干遗传特性上有区别的、不同编号或不同名称的菌种，如香菇品种中的香农 66、香农 69，是香菇品种中的两个菌株，而不是两个品种；平菇品种中的特抗 1 号、农科 12，是平菇品种中的两个菌株，而不是两个平菇品种等。

28. 培养基

培养物生长所需营养物质的液体或固体混合物。生产中的培养基，又称基质，大多是指菌种而言。

29. 基料

食用菌生产中，人工调配的供食用菌菌丝和子实体生长的培养料，包括主要原料、辅助原料（辅料）以及添加的其它有机无机物的混合基质，又称培养料。

30. 生物量

培养基质中所生长的菌丝的数量。多见于液体发酵或栽培发菌。

31. 菌种退化

菌种在栽培生产过程中，由于环境条件的改变、混杂，发生遗传性变异以及由于管理不到位等原因而使适应性和产量逐渐下降的表现。

32. 种源

意指原始菌种。生产上泛指上一级菌种,如制作二级种时使用的一级种称为该次生产的种源,依此类推。

33. 消毒

采用物理或化学方法消除培养基中或培养物以外的其它表面微生物的方法。表面消毒多采用酒精或洁尔灭等药物,利用其渗透原理凝固杂菌蛋白质,以达抑制和消除的目的。

34. 灭菌

采用物理或化学方法杀灭培养基中一切微生物的方法。培养基多采用湿热方法灭菌,一般栽培生产可采用常压灭菌,菌种生产多采用高压灭菌;实验材料如液体石蜡以及金属或玻璃等器皿类可采用干热灭菌方法。

35. 侵染

接种培养的菌种或栽培发菌受到其它微生物的侵入性感染。

36. 污染

菌种或栽培在培养发菌过程中混有其它微生物或有毒物质,或受到其它微生物的侵入性感染。生产中多为木霉、曲霉、毛霉等污染。

37. 污染源

带有滋生杂菌、害虫及有毒物质的场所或物体。实际生产中,露天旱厕、垃圾堆、粪堆、厩舍、死水塘、臭水沟以及仓库等均为污染源,应予远离或清理卫生、彻底消杀后并经常性消杀。

38. 营养调配

营养是食用菌赖以生存的能源或元素,调配是指根据食用菌生长所需营养添加某些组分。现生产上多采用加入食用菌三维营养精素拌料并直喷子实体的措施，达到大幅增产的目的。

39. 含水量

基料中实际加入的水的数量，是一绝对数字。如按料水比1：1.5计算，每吨原料中即加入1.5吨水，则该基料的含水量为1500千克（其中不包括原料本身的水分）。

40. 含水率

基料中所含水分的比例，是一相对数字。如按料水比1：1.5计算，每吨原料中即加入1.5吨加入的水，则该基料的含水率为：$1500/(1000+1500)=60\%$（其中不包括原料本身的水分）。

41. 回温

温度回升的意思，主要在低温储存或保藏菌种时使用，比如，欲将-10℃低温储藏的菌袋置于20℃自然条件下出菇，温差达到30℃；温度环境直接相连，则菌丝细胞组织会因温度的剧烈变化突然涨发而爆裂，细胞液溢出，菌丝死亡，不会再出菇；因此，在-10℃条件下往20℃自然条件下转移时，需要一个回温的过程，其目的就是令菌丝细胞适应变化的温度条件。

二、国内主要食用菌媒体

1. 食用菌（双月刊）

公开发行；上海市奉贤区金齐路1000号；除部分科研论文、实验报告外，以适用性、实用性文章为主，兼之以实用小窍门等技术，此外，信息量较大，为一线生产及科研、教学等工作人员不可或缺的专业刊物。订阅电话021-62203043、52235459。

2. 中国食用菌（双月刊）

公开发行；云南省昆明市政教路14号；以科研报告及适用性

文章为主，信息量较大，为科研、教学等工作人员不可或缺的专业刊物，另外，一线生产人员也可订阅参考。订阅电话 0871-5151099、5110294。

3. 食药用菌（双月刊）

公开发行；杭州市石桥路 139 号；以科技论文和实用性技术文章为主，兼之以大量广告信息，为一线生产及科研、教学以及食药用菌经营等人员不可或缺的专业刊物。订阅电话：0571-87078782。

4. 食用菌信息（月刊）

内部刊物；福建省龙海市九湖镇新塘村；以本地技术、信息为主，兼之以国内外食用菌技术、信息的摘编。0596-6638338、6638815。

5. 食用菌学报（双月刊）

公开发行；上海市奉贤区金齐路 1000 号；主要是学术性论文为主，是国内唯一的食用菌专业学术刊物。

6. 全国食用菌信息（内刊）

中菌协内部刊物，自办发行。订阅电话：010-66030506。

7. 龙海食用菌信息网

福建省龙海九湖食用菌研究所；http：// www.zzmushroom.com/。咨询电话：0596-6638338。

8. 菌林网

最专业食用菌技术论坛；网址：www.junlinw.com；www.ch.junlin.com。客服 QQ2468307922，电话：13977257221。

9. 中国食用菌教学网（菇讯论坛）

http：// www.guxunbbs.com/portal.php。

10. 江苏食用菌网

网址：http：// www.jssyj.com。联系电话：15996019451，投稿邮箱：admin@jssyj.com，客服 QQ：386011465。

三、主要菌种、药械生产单位

单　　位	业务内容	电　　话
中国农业科学院农业资源与农业区划研究所	食用菌一级种、保藏菌种	北京市海淀区中关村南大街12号 邮编：100081 电话：010-82109640
中国农科院土壤肥料研究所	食用菌一级种、保藏菌种	北京市中关村南大街12号
中国科学院微生物研究所	食用菌一级种、保藏菌种	北京市朝阳区北辰西路1号院3号 邮编：100101 电话：010-64807462
中国普通微生物菌种保藏管理中心	食用菌保藏菌种	北京市朝阳区北辰西路1号院3号,中国科学院微生物研究所 邮编：100101 电话：010-64807355
山东省农科院农业资源与环境研究所(原省农科院土肥所)	食用菌一级种、药物；技术合作；技术指导；技术咨询	济南市历城区工业北路202号 0531-83179079 18660782882
济南市历城农科食用菌研究所	一级脱毒菌种、三维精素、百病傻、赛百09药物、技术咨询、合作研发等	济南市历城区桑园路10号 0531-83179857 13583164450
山东省寿光市食用菌研究所	一级种、二级种、三级种生产供应,相关菌需物资、技术咨询与指导	13853622920
山东省寿光市(省农科院)食用菌试验示范基地	脱毒菌种繁殖推广、精素、杀菌杀虫药物、技术服务等、鲜菇	15866111802

续表

单　位	业务内容	电　话
辽宁省营口市科兴净化设备研究所	食用菌接种净化机、臭氧灭菌消毒机、接种流水线	0417-2618971 13604970612
潍坊市益农食用菌研究中心	食用菌种、供原料、技术指导、菌需物资	0536-4511620、13406464319
山东省临沂市河东区水暖设备研究所	大棚水温空调器	0539-8395597、13854910123
济南市历城区金鑫源供水设备厂	食用菌高压灭菌罐(柜)、拌料机、装袋机；供水设备、换热机组、暖通设备、水处理设备等	0531-86991817、13573752861
上海市农科院食用菌研究所	食用菌一级种、原始保藏菌种	地址：中国 上海市奉贤区金齐路1000号 邮编：201403 电话：021-62201335 62201337
江苏省南京市食用菌种站	食用菌种	地址：江苏省南京市 光华门火车站33号，邮编210008
江苏省农科院蔬菜所	食用菌种	地址：南京玄武区钟灵街50号江苏省农科院蔬菜研究所食用菌中心，咨询电话：025-84390262
福建省蘑菇菌种研究推广站	双孢菇菌种	地址：福建福州市晋安区前横路95弄10号 电话：86-591-88056257
福建省三明真菌研究所	食用菌一级种、原种、栽培种	福建省三明市梅列区新市北路绿岩新村156幢 0598-8222532、8254098
福建省龙海市九湖食用菌所	食用菌种、材料、药物、食用菌生产配套机械、食用菌生产技术	0596-6638338、13960005568
浙江省余姚市凯鹏电器厂	食用菌专用灭虫器专利号：(ZL 2010 2 0220750.7)	浙江省余姚市泗门镇陶家路村江东中心路42号 057462170238、13777013882

单　　位	业　务　内　容	电　　话
杭州华丹农产品有限公司	促酵剂	技术服务：0571-87960715；13336050159
承德黄林硒盛菌业有限公司	菌种；富硒营养料；富硒平菇、富硒香菇；各种功能蘑菇	河北省平泉县黄土梁子镇驻地 0314-6419885、13931416355

四、常用药物、器械功能及作用

1. 食用菌三维营养精素（拌料型）

为基料补充中微量元素营养，使基料营养达到全面、丰富、均衡，使食用菌菌丝最大限度的得到营养保障，从而提高菌丝的健壮度和发菌速度。

每袋（120 克）拌干料 250 千克；生料、熟料可直接将之溶解后拌入，发酵料栽培时，最好在基本完成发酵时加入。

2. 食用菌三维营养精素（喷施型）

每袋对水 15 千克，直喷子实体。

与拌料型结合使用，一般增产率在 30％左右。

3. 百病傻

主要用于真菌、细菌性病害的预防及杀灭。一般用于覆土材料的处理、菇棚的预防性杀菌、发菌及出菇期间的预防性用药，对已发生的杂菌和病害，可使用高浓度药物予以直接喷洒或涂刷。用作预防性喷施时，最好与赛百 09 药物交替使用，以防病原菌产生抗药性。

一般使用浓度为 300～500 倍。

4. 赛百 09

主要用作杀菌和抑菌，生产中多用于拌料、预防性用药、直接杀灭杂菌病害等。

拌料:每袋拌干料 100 千克;预防性用药:一般浓度为 200～300 倍;发生杂菌病害后,直接喷洒,也可涂刷。

5. 黄菇一喷灵

主要作用于细菌性病害,如黄菇病、腐烂病等,在冬春之交季节,可用作预防性喷洒,效果很好。

一般使用浓度为 300～500 倍,生产新区预防性用药最低可达 1000 倍左右,发病严重时最高可达 200～300 倍。

6. 漂白粉

主要用于预防、抑制或杀灭细菌性病害,尤其用于预防性用药效果较好。

根据环境和病害的发生程度,一般可配制 0.1％～1％的浓度。

7. 生长素

促进菌丝生长,加速子实体形成,提高菇品质量。

8. 食用菌接种净化机

净化局域空气,以防真菌、细菌落入接种范围。

一般开机 10 分钟后即可开始接种操作。

9. 大棚水温空调器

主要用于菇棚的升温、降温。根据设备的规格不同,可控制不同面积(容积)的菇棚。

江北地区冬季可升温菇棚至 30℃左右,并有控温装置予以自动控温;夏季可降温至 23℃左右。

最新消息:一种最新型的"水温空调器"即将面世,该空调器在山东地区,夏季可使菇棚内的温度降温至 15℃左右,仅较地下水温度高 1℃左右。

10. 蘑菇健壮素

刺激菌丝生长增加产量、提高产品质量。

11. 高分子微孔透气菌袋

特殊材料的加入,使得原本普通的塑袋具有微孔透气功能,尤其做熟料栽培时,可以最大限度地增加基内通气性、防止污染、提前完成发菌。

12. 硫酸铜

深蓝色结晶或粉末,有金属味,又名胆矾、蓝矾,分子式 $CuSO_4 \cdot 5H_2O$,用作农业杀虫剂、杀菌剂以及饲料添加剂等。在空气中存放时间较长会风化变成白色,易溶于水,水溶液呈弱酸性,有收敛作用及较强的杀病原体能力,对于一般原生动物和有胶质的低等藻类,有较强的毒杀作用。硫酸铜的杀毒原理是铜离子的强氧化性,硫酸铜杀灭虫菌具有杀菌谱广、持效期长、病菌不会产生抗性的特点。一般生产上的使用浓度为 180 倍左右,可根据病害情况进行调整,并可与石灰联合使用,制成波尔多液,硫酸铜 1000 克、生石灰 1000 克和 50 千克水配制成的天蓝色胶状悬浊液,即为 1∶1 的等量波尔多液。配料比可根据需要适当增减。波尔多液呈碱性,有良好的黏附性能。

13. 食用菌专用灭虫器

食用菌专用灭虫器,截至目前,是国内唯一专门用于食用菌生产中灭杀虫害的工具,其物理性手段为我们的食用菌生产拒绝农药、拒绝残留提供了科技支撑。受凯鹏电器厂委托,我们于 2012 年开始对食用菌专用灭虫器进行了专项试验,结果证明:试验中菇棚内的成虫数量不足对照的 1/3,而且没有化学药物、没有残留、没有刺激性物质和气味,并且,虫害防治成本很低,按每天最大开机时间 10 小时计算,电费不足 0.10 元,可以用于绿色或有机食用菌生产。

14. 微喷带

一种黑色的喷水软管,折面的一半处分布有激光微孔,在给水的压力下,喷出蒙蒙水雾,给菇棚增加湿度。尤其野外的地栽木耳,喷雾时在阳光下呈现道道彩虹,增湿效果非常好。有的产品喷出的不是雾状,而是水线,说明喷水孔较大,尤其不适应幼菇阶段,选择时应予注意。

五、常用添加剂和药物成分及使用说明

1. 酒精

食用酒精(C_2H_5OH),乙醇含量一般95%左右,生产上多用75%浓度。最简单的配兑方法:准备95%的食用酒精75毫升,加入20毫升蒸馏水,即可配出浓度为75%的酒精95毫升。注意点:一般大桶装酒精,经过多次运输和长期储存以及自然散发等原因,零售时乙醇含量往往与标注不符,因此,配兑时适量减少加水量,一般降幅可按15%左右计算。

2. 漂白粉

有效成分为次氯酸钙$Ca(ClO)_2$,一般有效氯含量约28%~35%,有较好的漂白作用和杀菌作用。漂白粉易受潮分解,水解后产生次氯酸,不好保存。主要用法就是1%浓度喷洒。

3. 食用菌三维营养精素(三维精素)

一种复配中微量元素营养补充剂。分为两种剂型,即拌料型和喷施型。拌料型每120克可拌干料250千克,喷施型每6克对水15千克(背负式喷雾器容水量),直喷子实体;两者结合可使增产30%左右。注意事项:拌料型适应性广泛,但是,部分品种不适应喷施型,如金针菇、鸡腿菇等不能直接喷水的品种,不可喷施三维精素。

4. 赛百 09

主要成分为二氯杀菌剂（$C_3 O_3 N_3 Cl_2 Na$），是一种具有杀菌广谱、高效低毒、使用安全、储存稳定、便于运输等优点的消毒剂，生产上可用于拌料。赛百 09 的用法：第一，150～300 倍喷洒菇房菇棚，进行事前消杀；第二，发菌及出菇期，每 3～7 天喷洒一次，抑制或杀灭外来病原菌；第三，直接对病区注射、撒药粉，或浸洗菌袋，可有效杀死病菌；第四，直接拌料，效果优于一般杀菌剂。

5. 百病傻

主要成分为咪鲜胺锰盐（$[C_{15} H_{16} C_{13} N_3 O_2]_4 MnCl_2$）等，具有保护和铲除作用，无内吸作用，按中国农药毒性分级标准，属低毒杀菌剂。其作用机制主要是通过抑制甾醇的生物合成而起作用，最终导致病菌死亡。主要用法：第一，200～500 倍喷洒菇房菇棚，进行事前消杀；第二，发菌及出菇期，每 3～7 天喷洒一次，抑制或杀灭外来病原菌；第三，直接对病区注射、撒药粉，或浸洗菌袋，可有效杀死病菌。

6. 糖醋液

为红糖、白酒、食醋、敌敌畏等普通市售品按比例复配而成，红糖、白酒、食醋、敌敌畏及水按 1：0.5：0.5：0.1：100 比例溶入热水中，即成糖醋诱杀液，诱杀爬虫类效果很好。用法：放入浅盘中即可，每天更换。

7. 高效驱虫灵

主要成分为蔗糖（$C_{12} H_{22} O_{11}$）和食醋（$CH_3 COOH$），经微生物厌氧发酵而成，气味酸甜，略有酒糟味，无毒无残，菇蚊闻之避之不及，故有驱赶作用。用法为 40～60 倍喷洒。

8. 石膏粉

物理加工方法取得的生石膏粉。主要用法是拌料，比例多在

0.5%～2%之间。

9. 草木灰

为植物燃烧后的灰烬,矿质元素含量较高。主要用途为拌料、菌畦内以及菌畦表面撒施等。

10. 三维精素混合液

以补充拌料型三维精素为主,辅之以尿素、蔗糖等物质,根据食用菌品种以及基料主要原料的不同进行调整。基本配比:三维精素120克,尿素900克,蔗糖500克,味精60克,水300千克,可浸泡200～300千克干料的菌袋,或喷洒100～150平方米的料面。

11. 黄菇一喷灵

复配制剂,主要成分为$C_{22}H_{24}N_2O_9$,广谱抑菌剂,主要作用于细菌的核糖体,抑制蛋白质的正常合成,增强细胞膜的通透性,导致细菌内容物的外泄而杀灭细菌。产品浓度60%,主要使用浓度为300～500倍稀释。

12. 食用菌原料催熟剂

主要用于双孢菇、姬松茸、金福菇等品种的基料发酵处理,可缩短发酵生产周期。具体成分及使用方法请咨询生产或供应商。

13. 自制毒饵

豆饼粉和麦麸炒香,与辛硫磷配成50∶50∶0.1的比例,拌匀后,每晚放于菇棚的边角即可,如果用土将毒饵覆盖,蝼蛄可钻入土堆,不受惊吓,昼夜尽可吃食毒饵,毒杀效果更好。

14. 乐果乳油

40%含量,使用浓度一般在800～1000倍,可喷洒空间和料表,部分地区将之用于拌料预防害虫,效果尚可。

15. 蜗牛敌

6％含量,专杀蜗牛类爬行小动物,也可自制诱杀毒饵,具体可参照本节 15 等内容。

16. 杀螨药物

主要有 28％达螨灵乳油、15％杀螨灵、73％克螨特等药物,具体使用浓度可按说明书的最低浓度;如虫口密度较大,可适当提高浓度,并覆盖塑膜,以增强杀灭效果。目前,该类药物已不常见,多用阿维菌素替代。

17. 杀螨醇

为 20％乳油,外观淡黄色至红棕色单相透明油状液体,在酸性中稳定,遇碱易分解。属于广谱性杀螨剂,对成螨、幼若螨和卵均有效。有较好选择性,不伤害天敌,对害螨以触杀为主,残效期长,无内吸作用。现在实际生产中杀灭多种螨类害虫的主要药物之一。

18. 氯氰菊酯

除虫菊类药物,低残留,指 5％乳油;对螨类无效。一般使用 1000 倍液。

19. 高效氯氰菊酯

为含有效成分 4.5％的乳油制剂。一种拟除虫菊酯类杀虫剂,生物活性较高,是氯氰菊酯的高效异构体,具有触杀和胃毒作用。杀虫谱广、击倒速度快,杀虫活性较氯氰菊酯高。

20. 二氯苯醚菊酯

浓度 0.1％,该品为高效低毒杀虫剂,用于防治棉花、水稻、蔬菜、果树、茶树等多种作物害虫,也用于防治卫生害虫及牲畜害虫。杀虫作用强烈,很低的浓度即可使害虫中毒死亡,农业上治虫有效的浓度大多都在 1/10000(100ppm)以下。现少有使用。

21. 多菌灵

本书涉及的多菌灵，为 80％多菌灵纯粉。该药的主要特点：残留期长，不易分解；市面上多有 25％、40％、50％等含量的复方或复配等类制剂，甚至还有"食用菌专用多菌灵"之类名称，由于制造厂家多、标准难统一、规格混乱，甚至还有以"有效含量"替代"多菌灵含量"等故意混淆视听的现象，所以，假冒伪劣产品混杂其中，很难分辨，故本书以纯粉制剂为准进入生产，并限于菇棚外使用，不得用于拌料以及菇棚内喷施。

22. 克霉灵

主要成分是二氯异氰尿酸钠【($C_3Cl_2N_3O_3$)Na】，($C_3Cl_2N_3O_3$)Na有效含量 60％左右，多做空间熏蒸使用的药物，厂家不同、生产标准不同，含量高低不同，有的甚至低于 20％或更低，目的是为了压低价格。实际生产中，有的菇民贪图便宜购回含量很低的产品而使得实际应用效果不好，近年来的负面反映很多，应引起各方面的注意。

23. 漂白精

主要成分是次氯酸钙[$Ca(ClO)_2$]，一般一级品的有效氯含量为 56％，最高含量可达 70％左右。作为一种杀菌消毒剂，正确使用对人体是安全的。

24. 敌敌畏

有机磷杀虫剂，本书涉及的产品为标注含量为 80％的敌敌畏商品，除用于菇棚外环境杀虫外，一般不予使用，尤其不得用于平菇生产场所。本品易燃，可点燃熏蒸，故在购买时可将此是否易燃、可燃作为判定真伪的手段之一。

25. 辛硫磷

指 40％乳油；注意要点：光分解药物，强光下 4 小时即可分解

50％以上,因此,应予基料内或地面灌水使用,不得露地喷洒。

26. 毒辛

这是一种广谱、低毒、高效杀虫杀螨剂,实际生产中常用作辛硫磷(灭杀地下害虫)的替代品。具有触杀、胃毒、熏蒸作用,速杀性好,持效期长。毒辛对地下害虫特效。一般使用 48g/L 毒辛乳油。

27. 毒死蜱

中等毒性杀虫剂。具有胃毒、触杀、熏蒸三重作用,对多种咀嚼式和刺吸式口器害虫均具有较好防效,可与多种杀虫剂混用且增效作用明显(如毒死蜱与三唑磷混用);与常规农药相比毒性低,对天敌安全,是替代高毒有机磷农药(如 1605、甲胺磷、氧乐果等)的首选药剂。杀虫谱广,易与土壤中的有机质结合,对地下害虫特效,持效期长达 30 天以上;无内吸作用,安全系数高,适用于无公害优质农产品的生产。使用中以 40％ 乳油最多,效果好;一般浓度为 1000～2000 倍。

28. 波尔多液

生产上多用等量式波尔多液,即硫酸铜∶生石灰∶水＝1∶1∶100 的比例制作而成。一般使用浓度 150～200 倍不等。

29. 煤酚皂

煤酚皂,又名煤焦油皂液,主要成分为甲基苯酚(化学式 C_7H_8O),俗名臭药水,含甲酚 50％。1％～2％水溶液用于手和皮肤消毒;3％～5％溶液用于器械、用具消毒;5％～10％溶液用于排泄物消毒。

30. 苯酚

(C_6H_5OH),俗称石炭酸,亦名来苏尔,是最简单的酚类有机物,一种弱酸。常温下为一种无色晶体。苯酚能使细菌细胞的原生质蛋白发生凝固或变性而杀菌。浓度约 0.2％即有抑菌作用,大于

1%能杀死一般细菌,1.3%溶液可杀死真菌。常用的消毒剂煤酚皂液就是含 47%～53%的三种甲苯酚混合物的肥皂水溶液。

31. 阿维菌素(0.9%乳油)

又名除虫菊素、虫螨光等,一种新型低毒杀虫剂,用于食用菌生产中,主要以拌料和空间喷洒为主。使用浓度一般为 2000～4000 倍。

参 考 文 献

[1] 李育岳,汪麟等. 食用菌栽培手册. 北京:金盾出版社,2001.

[2] 蔡衍山,吕作舟等. 食用菌无公害生产技术手册. 北京:中国农业出版社,2003.

[3] 曹德宾. 食用菌三维精素及其增产机理. 食用菌,上海:上海市农科院,2004,(2):24-25.

[4] 刘魁等. 北方食用菌生产技术规程与产品质量标准. 北京:中国农业大学出版社,2006,6.

[5] 曹德宾. 于之庆等,食用菌六步致富宝典. 第2版. 北京:化学工业出版社,2007,8.

[6] 吕作舟. 食用菌无害化栽培与加工. 北京:化学工业出版社,2008,7.

[7] 曹德宾,王广来等. 中药废渣栽培平菇试验初报. 中国食用菌,昆明:中国食用菌,2008,(4):17-18.

[8] 陈士瑜. 菇菌生产技术全书. 北京:中国农业出版社,1999,12.

[9] 曹德宾,姚利等. 沼渣原料栽培鸡腿菇试验初报. 食用菌,上海:上海市农科院,2008,(5):29-30.

[10] 曹德宾,袁长波等. 茶薪菇101菌株的生物特性及其栽培要点. 食用菌,上海:上海市农科院,2012,(6):16-17.

[11] 曹德宾,涂改临等. 有机食用菌安全生产技术指南,北京:中国农业出版社,2012,2.

欢迎订阅本社同类图书

●名贵珍稀菇菌栽培新技术丛书

书　　名	书号	定价
双孢菇·口蘑·金福菇	15735	19.80 元
灵芝·蜜环菌·白灵菇	15722	18.80 元
黑木耳·银耳·金耳	15721	19.80 元
香菇·黄伞·榆黄蘑	15720	19.80 元
猴头菇·草菇·茶薪菇	15719	19.80 元
茯苓·滑菇·球盖菇	15718	18.80 元
莲花菌·红菇·蟹味菇	21990	25.00 元
鸡腿菇·竹荪·白参菌	21989	28.00 元
小平菇·杨树菇·田头菇	21991	22.00 元
巴西蘑菇·松茸·香白菇	21765	20.00 元
金针菇·黑鲍菇·杏鲍菇	21764	22.00 元
羊肚菌·玉蕈·鸡枞菌	21766	25.00 元

●菇菌产业丛书

香菇、鸡腿菇、秀珍菇培育技术	22831	25.00 元
黑木耳、血耳、灵芝、云芝培育技术	22876	25.00 元
冬虫夏草、蛹虫草、蝉花培育技术	22830	35.00 元
菇菌产品加工技术	22767	39.00 元

如需以上图书的内容简介、详细目录以及更多的科技图书信息，请登录 www.cip.com.cn。

邮购地址：（100011）北京市东城区青年湖南街 13 号

化学工业出版社

服务电话：010-64518888，64518800（销售中心）

如要出版新著，请与编辑联系。

联系方法：010-64519438　zy@cip.com.cn